「室全室美」

全屋定制设计攻略

闫小匠 编著

收纳设计

柜体定制

格局整合

多功能集成

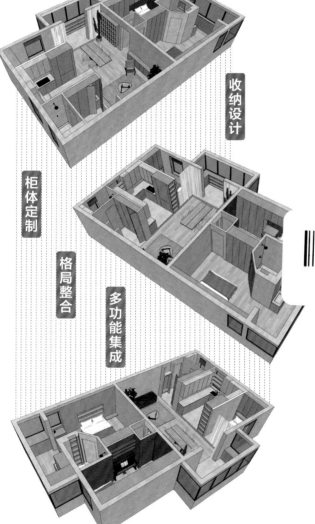

U0291534

江苏凤凰科学技术出版社 · 南京

图书在版编目（CIP）数据

"室全室美"全屋定制设计攻略 / 闫小匠编著. —
南京 ：江苏凤凰科学技术出版社，2022.3
　　ISBN 978-7-5713-2729-3

　　Ⅰ．①室… Ⅱ．①闫… Ⅲ．①住宅－室内装饰设计
Ⅳ．①TU241

　　中国版本图书馆CIP数据核字(2022)第020530号

"室全室美"　全屋定制设计攻略

编　　　　著	闫小匠
项 目 策 划	凤凰空间/徐　磊
责 任 编 辑	赵　研　刘屹立
特 约 编 辑	徐　磊

出 版 发 行	江苏凤凰科学技术出版社
出 版 社 地 址	南京市湖南路1号A楼，邮编：210009
出 版 社 网 址	http://www.pspress.cn
总 经 销	天津凤凰空间文化传媒有限公司
总 经 销 网 址	http://www.ifengspace.cn
印　　　　刷	北京博海升彩色印刷有限公司

开　　　　本	710 mm×1 000 mm　1 / 16
印　　　　张	12
字　　　　数	160 000
版　　　　次	2022年3月第1版
印　　　　次	2022年3月第1次印刷

标 准 书 号	ISBN 978-7-5713-2729-3
定　　　　价	78.00元

图书如有印装质量问题，可随时向销售部调换（电话：022-87893668）。

 **前言：**

定制的家，才是最适合自己的

装修需不需要找装修公司？

　　装修一定要找装修公司吗？答案是：不一定哦！

　　告诉你个秘密，装修公司的利润有相当一部分来源于装修材料的差价。当然，装修公司要赚钱嘛。如果你对装修一窍不通，又不想自己跑建材市场去买瓷砖、地板、木门、墙漆的话，交给装修公司肯定是最省事的。

　　但是，找了装修公司后就可以全权委托，自己不用管了吗？并不是这样。曾经有一档综艺节目叫《我家小两口》，其中有一期的嘉宾是若风夫妇。与很多不懂装修的小夫妻一样，他们为了构筑理想中的小家，邀请了专业的装修公司进行全屋设计。然而万万没想到，中期验房时却是一片狼藉。

　　其实若风遇到的问题很普遍，是每个正在装修的家庭都可能会遇到的。

① **严重超出预计工期，房子装修了好几个月还一片狼藉。**

　　为什么会这样？你想想装修公司广告满天飞，一年接那么多单，而手底下的设计师和工程经理就那么几个，工期延后很正常。因此，在装修合同里一定要标清楚工期和赔偿条款。

② **工程质量问题频出：墙面渗水、厨房漏水、门把坏掉、水电改造偷工减料……**

　　如果你请的不是标准化质量监管体系的公司，很容易在装修时出现各种问题，可能还不止上面列出的这些。解决办法就是自己花钱请一个靠谱的监理。

③ **存在偷工减料、赚取高额差价等致命问题。**

　　偷工减料、赚取高额差价几乎是整个装修行业的通病，有些注重施工质量和口碑的还好一些，而有些没有严格统一施工标准的公司，干得好与不好，全凭你碰到的工人师傅手艺如何了。所以说，这不只是若风家的问题，而是很多家庭装修时都会碰到的糟心经历，因为整个行业就是如此，所以自己不操心盯着是不行的。

④ 有些装修公司只是卖套餐，根本不能实现个性化装修，需谨慎选购。

很多时候你在装修美图里看到的那些好看的、个性化的装修设计，都是设计师做出来的，而不是装修公司。设计师经验丰富，会按照你的需求去设计，再找专业人员去实现。而很多装修公司提供的是标准化的装修套餐，并不能实现个性化装修。说白了只要买了这个套餐，每家每户装得都一模一样。

看到这里，很多人会问了，不请装修公司怎么装修？

首先，如果确实没时间盯装修，那么还是选择装修公司会省事一点，只不过建议多对比一下，找大品牌的公司，尤其是注重口碑的公司。

其次，如果负担不起大公司的费用，可以请工长或采用监理模式。一般工长也可以包工包料，装修费用可能是装修公司的一半甚至更少。但是装修主材如地板、瓷砖、木门，以及厨卫空间需要的材料等，都要自己去采购，这样才能买到自己喜欢的品牌和高品质的环保材料。

最后，也是我最推荐的，便是全屋定制。找一家有品质有审美的全屋定制公司，能解决家里 80% 的风格问题，到时候再搭配一些好看的家具，效果出众，而且连设计师的费用都省了。

好看又实用的全屋定制

没有能比全屋定制家具更能提升空间颜值的了。定制家具跟硬装一样，是家里的"骨骼"，一副好的"皮囊"还需要一副好的"骨架"才能支撑起整个空间的美感。

家居里的任何家具都可以定制。大到满墙储物柜，小到角落里的书桌，甚至连床也可以定制。按照空间尺寸量身定制，才能凸显空间的整体性，并且摒弃多余的装饰，去繁取简，还原质朴，也是一种可取的设计手法。

好看的全屋定制，不但柜体设计美观，色彩搭配也很讲究

现在装修市场只要请设计师来做设计，80% 的家具是定制家具。为什么呢？

① 全屋定制让空间更具整体性，且更美观，风格更统一。

那些好看的定制家具其实都是设计师用心思量后的作品，而且独一无二，只为你家量身定制。

设计师会花心思考虑柜子收纳的实用性，同时把这些柜子设计得很好看。美化空间其实是需要一些审美功底的。现在国内很多全屋定制品牌的设计师都是销售出身，入行门槛很低，一切设计都以谈单为目的，这种急功近利的模式很难做出好的设计。真正好看的空间都是那些专注设计的独立设计师设计出来的，事实上那些我们在网上见到的很有格调的家装案例，很多都是出自这一批人之手。比如，色彩怎么搭配和谐、柜子如何按比例分割才能达到视觉上的平衡等问题，都需要有一定审美能力的设计师才能设计出来。

家具好看了，整个房屋的颜值自然也就提高了。而当家里的定制家具做得有品位了，奠定了空间的整体基调，再随意添置几把颜值高的椅子和小家具，不请家装设计师，也能布置出风格独特的家。

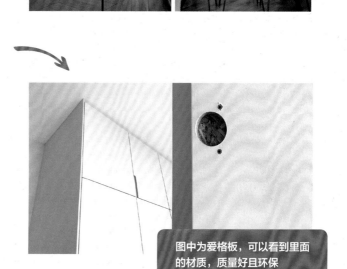

② 全屋定制的品质和质量更好。

现在某些网络商城不乏好看的家具，但只要一看材质，上面写的纤维板、密度板，甚至不知名的颗粒板，再好看也不想买了。因为这些材质是板材里质量最不好的，也是最不环保的。如果是定制家具，那么我们就可以选择质量好的材料。这样，用什么质量的板材、五金，都是自己说了算，家具款式也可以选择自己喜欢的和自己认为实用的。

图中为爱格板，可以看到里面的材质，质量好且环保

定制家具可以消除一切你对家具的顾虑。定制一件家具就像做一件衣服，有了好的设计师，选用上好的"面料"（板材、五金），加上好的"裁缝"（定制工厂），质量完全可以与大牌媲美。定制家具在触摸时可以感受到细节品质，不论是收边、凹槽等处，还是定制时留缝隙的工艺水平等，都能体现其质感，换个五金拉手，风格就有截然不同的感觉。

不同的面料（板材）做出来的质感和效果也不一样。现在流行的肤感烤漆，触感细腻，低调奢华；亮面烤漆则有轻奢质感；布纹门板，轻奢温馨；白色爱格板，简约大气；暖木纹，素雅清新。当然，还可以两种材质混搭，效果也很独特。

烤漆所需费用不低，如果没有预算做烤漆，那么可以选择饰面门板，比如爱格板的饰面纹理做得特别逼真，摸上去会有真实的木纹触感。

③ 全屋定制家具实用、实用，还是实用！

网上有很多原创实木家具品牌，款式很新颖，价格也不菲，但真正使用起来，你会发现基本没有储物功能，只能装一些零散小物件，剩下的就是摆设了，只能充当配角，用来点缀空间。而定制家具最大的优势就是储物。

那些让我们感到惊艳的设计，基本都是在改善空间痛点的基础上又能解决储物难题，同时还是拥有高品质、高审美的居住空间设计。

定制家具在提高家居颜值的同时，让整体风格更为统一，并能利用一些巧妙的设计手法，让空间变得好用、好住。比如大衣柜延伸设计出一个梳妆台，或者电视柜与工作区组合，又或者床头柜、书桌、衣柜一体化设计，甚至打造飘窗的同时打造餐厅，从而节省空间，增加功能性等。当然，定制家具还可量身定制家务收纳柜，再也不用把吸尘器、笤帚、拖把等凌乱地堆在角落里了。

此为一体化设计，组合了榻榻米、衣柜及书桌等功能

定制家具还可以满足屋主的特殊功能需求，比如储物柜、展示柜等。作为一名收藏爱好者，如果能定制一个装下自己各种藏品的展示柜，生活将增加不少仪式感。

此设计中，柜体有展示部分，后面背景墙的装饰画上方安装了射灯

全屋定制除了大家具，也可以定制一些多功能的小家具，比如定制大衣柜的时候，顺便做一个梳妆台，或者利用窗台的宽度定制一个抽屉书桌，在光线最好的地方办公也很享受。还有现在比较流行的一体式床，床头自带床头柜，还可以单独设计一个书桌。

总之，量身定制的家，才是最适合自己的。

床头自带床头柜，可当书桌使用（本图由禄本设计提供）

目录

基础篇

重点

全屋定制前的准备：不跳坑、不后悔、有审美
做好格局与硬装，给你的全屋定制打好基础
大、小户型各自的设计要点
全屋定制开始了，选择你心仪的风格与配色吧
全屋定制，还要考虑尺寸与采光
全屋定制的灵感：人性化而又实用的设计
柜体设计中需要注意的问题

全屋定制前的准备：
不跳坑、不后悔、有审美

业内人才知道的真相：装修时你要避开这些坑

★ **首先总结几个装修时常会遇到的"坑"，可以以此为戒。**

① **装修增项，中途加钱，行业里的"潜规则"。**

有些装修公司在装修到一半时突然要加钱，理由千奇百怪，比如说你家墙不直，或者地不平需要自流平，水电改造需要加材料，地砖工艺太难要加钱……加几百还算能接受，但有些要价过高的就过分了，甚至还有不加钱就不给你干或无限拖工期的，很让人头疼。

因此，装修之前一定要多看多学，把所有能想到的都写在合同里，并约定工期时间和违约款项。

② **省了设计费，结果多花的冤枉钱是设计费的几倍。**

有人觉得请设计师的设计费好贵啊（这里说的是独立设计师，而非装修公司所谓的"设计师"），其实请设计师是在变相为你省钱。因为设计师会跟你讲清楚设计图里都有什么项目，而且他懂得各种行业规则和装修报价，可以帮你避坑。否则你什么都不懂就稀里糊涂地开工，看似省了设计费，其实以后花的钱更多。

③ **不要过分相信广告。**

我遇到过好多业主在平台上找装修公司，结果最后闹到报警打官司的程度，因为很多平台只是中介公司，他们并不负责给你装修。

④ **"免费设计"？不要再被坑了。**

一听到免费设计，就有一大批人前赴后继地赶来上当，其实内行人都知道这只是获客手段而已。传统的装修公司给你的设计往往是智能软件的一键套用，设计水平很难保证。事实上，想要有好的设计，还得找独立设计师或专业设计机构。幸好现在的年轻人有一定的审美素养，一般看到设计师做的效果图就能看出设计水平如何了。

⑤ **样板间和公司简介看起来很牛，真正施工时就看你遇到的师傅手艺如何了。**

你要知道一个很残酷的现实：如果给你家施工的工人不是装修公司自己养的，施工效果往往很难达到装修公司宣传的那样。因为这些工人是流动性的，今天干完这家，明天再干那家，按天结算薪资，施工缺乏督管。事实上，90%的装修公司都不自己养工人，因为真的养不起啊！

⑥ **没有统一的施工标准，装修公司睁眼说瞎话。**

有人装修时会遇到这种情况：发现装修质量不合格，或者活干得很粗糙，希望对方解决问题，但是对方却回复："哪里有问题，都是这样的，一点问题没有。"对此的解决办法就是，花钱找个监理，找专业的人来监管。

⑦ **工人不是一拨人，你要与各种工人打交道。**

装修要想省心，说实话不可能，就算全包你也得去工地盯着，工人分瓦工、木工、油工等，工人走了一拨又来一拨，你不去，装修公司也会问你这怎么装，那怎么处理。那些标榜"省心"的广告语看看就得了，现在虽说都是互联网装修，工长能拍验收图片给正在工作中的业主，但装修这个事情见即所得，看图片验收终归会有误差。

★ **接下来，我重点说一下全屋定制部分。因为装修除了硬装，全屋定制这行也是水深坑多，我总结了7个最重要的避坑要点，具体如下。**

① **看到和买到的完全不符。**

"样板间很漂亮，安装到家里却并不好看，甚至品质、细节问题很多。"

定制家具跟成品家具不太一样，只有安装那一天你才会知道产品好坏，风险跟网购差不多，关键是退货的概率几乎为零（除非你不怕麻烦拆了重装）。

在做全屋定制之前，我们想象得都很美好，想要清爽的极简风格或者高级感的北欧风格、显贵的美式风格等，在商家样板间看到的产品款式和品质感都不错，可真正安装到自己家里却发现被坑了。那么问题到底出在哪里呢？

国内的全屋定制行业里专业的设计师数量仍然比较少。这一行就业门槛低，很多"设计师"的本职工作只是绘图而已，"做设计"就是不走心的套模板，出图快却质量低，毫无审美、美学和设计感可言。对于他们而言，单子越多，销售提点也就越多。而那些大品牌的样板间都是请专业设计师花心思设计的，所以你家设计比不上样板间就不足为怪了。

因此我建议，首先，要与设计师多沟通交流，给设计师提供参考图，并与设计师当面讨论效果图；其次，如果对方水平一般，不要完全交给设计师，自己要有想法，可以一起参与设计；再次，如果你本身对设计无感，那么找个口碑好、有审美的全屋定制商家很重要。

② 几乎每个商家都说自己的板材是 E0 级环保标准，事实果真如此吗？

全屋定制需要用到很多板材，甲醛的释放时间为 10 年之久，如果前期不关注环保问题，家居污染隐患大，会严重影响自己和家人的健康。

了解过全屋定制的朋友都知道，全屋定制的很多商家都说自己是 E0 级别。其实 E0 是商家炒作的概念，现行的《室内装饰装修材料人造板及其制品中甲醛释放限量》GB 18580—2017 中只有 E1 一个级别，甲醛释放量限值为 0.124 mg/m^3（由气候箱法测定，与干燥器法测定的数值及使用单位有所差异，无法直接比较）。所谓 E0 是针对浸渍纸层压木质地板（即强化地板）、细木工板和胶合板的，而在最新的国标中，即使这三种板材的甲醛释放量也都统一为 GB 18580 中的标准了。

也许你还听过有商家吹嘘自家的国产板是比 E0 还厉害的 F ☆☆☆☆，这明显就是在忽悠，F ☆☆☆☆是日本环保标准最高的等级，但不是我国执行和承认的标准，所以国产板说自己是 F ☆☆☆☆明显是在偷换概念。

还有宣称自己是"无醛板"的，这种全实木都做不到，大家听听就行。

欧标	国标	日标
E1(甲醛释放量 ≤ 0.124 mg/m^3 或 ≤ 3.5 mg/m^3)	E1（甲醛释放量 ≤ 0.124 mg/m^3）	F ☆☆☆☆（平均值 ≤ 0.3 mg/L，最大值 ≤ 0.4 mg/L）
E2（甲醛释放限量为 3.5 ~ 8 mg/m^3）	—	F ☆☆☆（平均值 ≤ 0.5 mg/L，最大值 ≤ 0.7 mg/L）
—	—	F ☆☆（平均值 ≤ 1.5 mg/L，最大值 ≤ 2.1 mg/L）
—	—	F ☆（平均值 ≤ 5.0 mg/L，最大值 ≤ 7.0 mg/L）

大家还是要看官方机构提供的检验报告，要注意查看检测单位的资质，正规权威的检测机构必须拥有中国计量认证（CMA）省级技术监督局颁发的检测资质认证合格证书（红色），以及中国考核合格检验实验室（CAL）与中国实验室国家认可委员会（CNACL）等标志，拥有上述标志的单位出具的检测报告才具有权威性，同时具有法律效力。如果不全，至少得有 CMA 这一项证明。

③ **全屋定制所用板材成本低，品牌溢价严重。**

近几年我看到过不少维权案例，出现的问题基本都是品质差、味道重、售后没人管等。为什么花高价买了大牌 E0 级的板材，还是会味道大、品质问题频出、维权困难呢？

我们有时候会盲目信任品牌效应，以为产品质量和服务都有保障。事实上，有些品牌的确会使用不错的板材，但国内市场上一些大牌橱柜用的是自己工厂生产或从东南亚进口的便宜板材，环保指数要低很多，成本低，品牌效应的溢价却很高。

如果你追求环保，可以选择优质的进口爱格板（甲醛释放量 ≤ 0.3 mg/L），这是目前环保标准遵守最严格也是唯一可以宣称在任意空间内不限制使用量的板材。

爱格板目前在国内很受欢迎，但购买时建议仔细分辨真假。假冒的板材用料混杂，色彩会很深，而真正的爱格板分层明显，能够清楚地看到原木色碎木，在自然光线下会泛油光，板材细腻光滑。另外，现在官网上都是可以查到授权的，是不是真爱格板一查便知。

④ **单价便宜，总价却很贵，难道计价方式有猫腻？**

有人不懂商家的计价方式，看到单价便宜，以为总价也一样便宜，但实际上最后算下来总价却有可能比单价略高的商家更贵。这种情况估计很多人都遇到过。目前市面上的计价方式分为按投影面积计算、按展开面积计算、按单元柜计算或软件自动计算四种。

有些人觉得按投影面积计算（长 × 高 × 单价）最准确，也没有猫腻，但其实只有衣柜的计价适合按投影面积来算，如果定制复杂的榻榻米、电视柜、玄关柜、书桌等就不适用了。而且投影面积只是一个基础柜子的报价，看似算法简单，增项却很贵，如果你想加隔板、加抽屉、加五金或者有多功能设计，这些增项照样能把你算糊涂，最后的价格也不一定低。所以如果商家是按投影面积计算的，一定要问清楚这些增项的费用，好在自己预算之内有选择地增减。

还有一种用得比较普遍的算法是按展开面积计算，也是最为准确的算法，用了多少板材，就按多少来收费，这种算法只有商家自己能算清楚，消费者是算不明白的，一些正规有诚信的公司都会让设计师先算一遍报价，再拿计量软件计算一遍，最后工厂的拆单人员会严谨地再计算一遍，最终的那个价格一般是比较准确的。

因此建议在确定装修公司之前，首先要货比三家（单价和总价都要比），做到心中有数；其次，简单的柜子可以按投影面积和展开面积分别计算对比一下；最后，不能只关注价格而忽略板材的品质。

⑤ 买回家才发现背板很薄，用几年后会变形，如果用加厚背板还得加钱？

柜子背板因为贴着墙，容易被忽略，但若是背板很薄的话，肯定会影响整体柜子的稳固性。如果你没有把背板的厚度写在合同里，那很可能就会被坑。

目前柜子的背板规格分为薄厚两种，薄背板的厚度有 5 mm、9 mm 两种，而厚背板则与柜体板厚度相同，一般为 16 mm 或 18 mm。很显然，厚的背板稳固性更好，不易变形开裂，从而影响使用寿命。良心商家选用的背板和抽屉底板一般为 18 mm 加厚板。

⑥ 低价折扣套餐里的五金和板材要看好。

曾经人们有一个根深蒂固的装修观念，认为板材都不值钱，买家具一定要买实木的。确实，那时候所谓的板材家具都是用一些低廉的密度板和纤维板打造的，质量的确不好。但现在不一样了，板材家具不仅质量有所提升，外观也美上了一个新高度，并且在全屋定制中还可以个性化定制，实现商场里买不到的样式，同时满足功能需求和储物需求。因此，现在年轻人对板材的接受度反而更高。

　　但有些人家中装修完住了几年后，便开始出现各种问题，比如抽屉掉了，或者门板关不严、柜子变形等，可见五金和板材的选择十分重要。在现在各类板材当中，除了实木外，综合性能最好的是实木颗粒板，其握钉力强，防潮隔声，使用寿命也相对较长。另外，定制家具是一项长期投资，五金要选品质过硬的，这样才能经得住岁月的摧残。

⑦ **安装品质差，住进去每天都很糟心。**

　　全屋定制行业有句行话："三分设计，三分产品，四分安装。"这句话一点也不假，很多全屋定制厂家设计是一拨人，施工安装又是另一拨人，而且一般没有严格的施工标准规范，安装好坏就看你今天有没有碰到一个手艺好、经验丰富的安装师傅，因此出错率很高。建议定制柜子之前问一下商家是外包工人还是自养工人，外包工人品质难控制，而自养工人能严格控制安装标准，实行责任制，工人一般都很认真负责。

过来人的实战经验：装修后最后悔的地方

★ **如果装修时有些地方没考虑到位，那么很多家庭入住后都会后悔。**

① **后悔柜子做少了，家里严重缺少储物空间。**

有些家庭只靠大衣柜来储物，住得久了开始买各种整理箱来储物，家里杂物越堆越多。因此，那些看起来很乱的家庭大都缺少储物空间，即便你把东西整理得整整齐齐，看起来还是会显乱。

也有人说，户型小，空间窄，想多做柜子也无能为力。其实，户型小的家庭才更应该多做收纳柜。逯薇在《小家，越住越大》里说过，小户型的收纳空间占比最低不能少于10%。越是面积小的房子，收纳空间占比应该越高。只有这样，你才能住得舒适安稳。

其实解决收纳问题并不难，甚至一个电视柜就能搞定家里所有物品的收纳。当然，如果想要好用，就不能只在柜子里打几个隔板就完事，一定要事先规划好你要放什么，以及怎么放。除了客厅，卧室也可以增加储物空间，比如现在流行的榻榻米，就有着满满的储物空间。

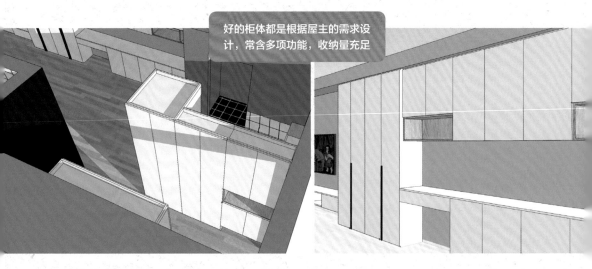

好的柜体都是根据屋主的需求设计，常含多项功能，收纳量充足

很多人对柜子很排斥，认为柜子太多不好看。其实现在柜子设计得都很漂亮，完全可以撑起家的格调和气场。合理的空间利用不但不会显得拥挤，还会让家变得更舒适。大面积地设计柜子，可以撑起整个房子的风格，是室内空间的视觉中心。

② **后悔没装通顶式衣柜。**

两三年前，因为板材工艺受限，市场上极少有通顶的衣柜设计，而现在这种顶天立地的柜子越来越流行。

如果衣柜不通顶，浪费顶部空间不说，还会长年累月地积攒灰尘，家里没地方放东西时，还总想往上堆。所以，最好将衣柜做成通顶式的，柜子有"墙面"的既视感，会使空间整体视觉感和谐统一，美观度上提高很多。

这里提醒一下，要实现通顶设计，一方面要靠优质板材本身不易变形的物理稳定性，另一方面还可借助其他工具，比如在柜门背面安装拉直器，这样等于上了双重保险。

有些人直到柜体变形才知道板材的重要性，最好提前防患于未然

③ 后悔没装多功能玄关鞋柜。

我一直认为玄关柜是刚需，但依旧有很多人不以为然。试想你回家后的一系列动作——放钥匙和手机、换鞋、挂包、挂外套等，每一个都需要入户玄关柜。有一个玄关柜，会方便很多。

各种玄关柜，总有一款适合你

事实上，家里的鞋子远比你想象的多，而且会随着时间的推移成倍增长，一个矮鞋柜完全不能满足家庭收纳需求，如果有条件的话，一定要多做鞋柜。换鞋凳不需要太大，够一个人坐下来换鞋就好。

此设计既为玄关增加了柜体，又为全屋增加了一间卧室

千万不要小看玄关柜，我们曾经为一个 50 m² 的老宅设计了一个玄关柜，并在玄关柜后面规划出一间榻榻米卧室，让一居变三居。

另外，玄关柜还可以提升幸福感，比如在柜体凹位装一个感应灯。想象一下，下班后回家一开门，玄关感应灯即刻亮起，这个暖心的细节可以让你一天的疲累感缓解不少。因此，玄关柜一定要预留电源。衣柜也可以采用类似设计，从而增添细节的品质感。

④ 后悔没买储物床。

很多年前我自己装修时，就因为嫌弃储物床不如架子床轻盈美观而买了架子床，可是住进来后就后悔了。每天早上找不到鞋不说，三天不打扫床下就积满了灰尘，而且每次打扫都有"意外惊喜"——很久找不到的东西经常惊现于床底。

其实，如果是小户型（面积< 90 m²），储物床真的实用很多，储物空间相当于一个 1.8 m 宽的大衣柜。现在很多家庭装修时都定制了高箱床，并反映很实用。

如果觉得市面上床的款式略显老气，还可以定制一体式床，也就是床、床头与床头柜在一起的设计，看着有种文艺清新范儿。

这两张床都是床与床头柜的一体式设计，外观简约文艺

⑤ **定制橱柜时，后悔没规划小家电区。**

现在年轻人的生活方式开始电器化：早上用豆浆机，晚上做饭用电饭锅，煲汤用电砂锅，另外，还有炸薯条用空气炸锅，做面包用厨师机，喝果汁用破壁料理机，以及电热水壶、绞肉机、电饼铛……可是你想过这些小家电都放在哪里吗？难道都摆在台面上？那会连切菜的地方都没有的。

对此，你可以在厨房一侧定制一个 40 cm 进深的柜子，不占用空间，还能摆下家里杂七杂八的小家电。在墙上定制搁板也是不错的方式，不过要考虑承重和抗污能力。还有一个办法就是定制餐边柜，除了能装下这些小家电，还能收纳一些杂物。现在餐边柜的设计既高级，又实用，还能美化空间。有了餐边柜后，冰箱就不会孤零零的显得很突兀。餐边柜还可以充当西厨区，在餐桌上制作烘焙，转身就能烘烤，动线合理。

定制柜装下冰箱、电磁炉、洗衣机等电器，收纳能力超强

⑥ **后悔没把洗衣机放阳台。**

为什么要把洗衣机放阳台？因为这样动线更短，洗完衣服后可直接晾晒，再也不用端着满满一盆衣服穿梭来往于客厅了，同时还节省了厨房和卫生间的空间。

洗衣机放在阳台，可以洗完衣服直接晾晒，洗晒动线更方便

设计师的专业审美：为何会丑，怎样变美

★ 我发现很多人家里装修很丑，究其原因，主要是丑在定制家具上。那么问题出在哪里呢？

① 丑在造型上。

归根结底是因为设计师上岗门槛低，本身没有一个好的审美素养，有些甚至不是专业设计院校出身的，为了高频销售出单，套用设计模板快速出图，很难出好的设计作品。

其实，好看的柜子看着简单，却包含了色彩美学和分割比例美学等设计，每一个线条分割、结构安排、细节设计都是有讲究的，这也是那些销售型全屋定制设计师很难设计出美观作品的原因。

② 丑在拉手上。

很多好看的柜子都毁在拉手设计上，市面上的很多拉手缺失美感，会破坏柜子的整体效果。关于拉手怎样做才好看，会在后面详细说明。

③ 丑在分割比例美学上。

现在国内装修市场上的很多柜子有一个通病，那就是过于强调设计和功能，造型和线条太过繁复，不但显得凌乱，还有种廉价感，毫无比例美学可言。比如不知道为什么要缺一块的设计，还有些柜子结构被切割得太零碎，一眼望去感觉很杂乱。

因此，要想让柜子设计得好看，就得遵循美学比例，比如我们在设计柜子的时候会强调纵线条，单门板宽度不要超过 460 cm，这样柜子在视觉上会更好看。而且，留凹槽拉手也不是想设计在哪就设计在哪，要考虑到比例美学，我们在设计时一般会参考黄金分割比例。

有藏有露，比例适当，好用又美观（案例由里白空间设计提供）

④ 丑在柜子没有合理空间布局，庞然大物让房子显得很拥挤。

长柜本身体积感就强，放在卧室犹如庞然大物一般。所以要隐藏柜子深度，让柜子嵌进墙体中，效果会更好。

柜体完全嵌进墙中，毫无压迫感，配合照明，让空间显得很高级

⑤ 丑在材质上。

全屋定制用料是板材，也就是实木颗粒板或者大芯板、多层板，表面是一层三聚氰胺贴皮。有些品质低的仿木纹做得很假，即便板子质量好，看起来也会显得很廉价。可以说，板材材质直接影响着家具的品质感。

因此，选择板材木纹时一定不要选纹理仿得太假的，最好是纹路细腻的直纹，看起来比较稳重有质感。如果怕自己选不好，就选择没有任何纹理的白色，肯定不会出错。

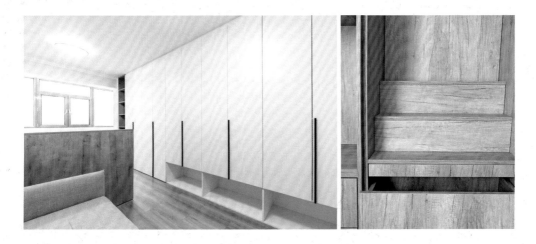

⑥ **丑在特别复杂的吊顶和石膏线。**

层层叠叠的复杂装饰吊顶，影响层高不说，时间久了还容易落灰，清理起来也很难。不做复杂吊顶的话，很多人会选择做石膏线，但如果你后期想做通顶柜子的话就会很麻烦，装柜子时要不就得拆掉或切割石膏线，要不柜顶的收边条就会被切割得很丑。

比起过去那种简易的传统石膏线，简约直角的设计才是现在的主流，安装柜子时可以完美地将柜子和墙面融为一体，浑然天成。这种简约的直角吊顶，结构简单好清理，可以隐藏新风系统，后期也能与定制家具自然衔接。

⑦ **丑在照明设计不对。**

很多时候射灯是"鸡肋"，安装完就再也没打开过。因为射灯是点状投射，炫目感强且费电，不适合大范围安装（但可以在装饰画和展示品上面安装）。

相比于射灯，氛围灯就柔和很多，能让家里很温馨，并且还能提升房屋的渲染效果。另外，可以装一些 LED 氛围灯，晚上不开主灯，只开氛围灯也很好看。柜子里可以装感应灯带，人来自动亮起，且 LED 不费电。还有一些艺术壁灯也很漂亮，更能烘托意境。不过这个问题见仁见智，我只是凭经验推荐给大家一些替代方案。

主照明搭配氛围照明，渲染效果十分出众（案例由里白空间设计提供）

★ 这些全屋定制之所以显得廉价，除了缺乏设计感，还因为细节的设计不到位。如果提高细节的质量，比如使用精致的五金、优质的板材、细腻的封边、顺滑的柜门并重视拉门的开合体验等，就会给人高级的居家体验感。那么在装修时要如何避开土味廉价感的元素，把设计做得好看呢？

① 风格不统一，装饰太多。

自己装修就是容易看到好看的就往家里装，也许每个单品都挺好看，但放在一起就完全不搭。比如，建议尽量不要使用花壁纸，因为它的装饰比较繁复。要风格统一，就要摒弃过多装饰，学会留白。

② 色彩太多，空间显得凌乱。

一个空间的配色不宜超过 3 个色系，比如以白色系为主色调占 70%，以蓝色为情绪点缀色占 30%。情绪点缀色可以在房间里反复出现，相互呼应，这样才能丰富空间层次感。

③ 冲动买网红款或者当下流行款，容易过时显廉价。

网红款早晚会过时，等过几年你再看自己的冲动购物，就会发现它已经不再流行，而且颇有廉价感。比如前几年流行的六角砖，现在再看就会感觉特别不入流。这几年大热的金色金属家具，过几年再看也会有满屏的廉价感。因此，家具尽量选择经典百搭款和设计师设计的款式，利用家具之间的搭配组合来实现空间独有的格调和气质。

绿植本身也是一种点缀，而墙面则留白（案例由 Nothing Design 提供）

配色以黑白灰为主，而带有禅意的树枝装饰，提升了空间的气质（案例由清和一舍提供）

④ 网上的"假北欧"装饰画让空间显得很低廉。

网上一搜"北欧"，全是一些北欧风的鹿和植物装饰画，不得不说这些东西已经带坏了大众审美，会让家看起来很廉价。放弃那些装饰画吧，一张与家居风格相配的挂画能瞬间提升家里的格调，也能凸显主人品位。

⑤ 拒买土味沙发。

软装搭配中的主角就是沙发，要是沙发买错了，空间的整体效果都会受影响。尤其是土味沙发，即便功能再强大，也要绕道走。这里讲一下选择沙发的四个原则：一是风格百搭，造型简约；二是选择单色，后期可以用靠垫软装来丰富色彩；三是要符合人体工程学，承托力要好，布料要经久耐磨好拆洗；四是小户型不要选笨沙发，细腿更显轻盈，不会有拥堵感。

⑥ 拒绝品位很低的组合家具。

组合家具很考验商家审美，即便材质出自大厂，品牌很响，设计不好也很容易看起来很廉价。所以选择的时候要小心。

⑦ 远离市场上的土味全屋定制。

如今的全屋定制市场比以前好了很多，有越来越多自主研发的原创品牌涌现，也更符合现在年轻人的审美。但如果去主流市场上转一圈，依旧还能看到很多审美缺失的设计。比如市场上土味的"欧式奢华风"，肉汁酱黄色的柜子配上雕花和雕线，妥妥的暴发户风格；"简约风格"就是白色搭配点廉价的木纹板材，看起来十分敷衍。

可以说，"全屋定制"这个概念已经被很多品牌给用烂了，很多全屋定制做出来毫无审美可言，看起来就是一堆零零碎碎的柜子摆放在屋子里。比如，市场上流行了很久的拐角设计，简直就是败笔，这个地方能放什么？难不成要把衣服都乱糟糟地挂在外面？还有的柜子分割线太多，在视觉上显得很乱，让人感觉很压抑，仿木纹看起来也很廉价。最让我忍受不了的就是带"花式腰线"的柜子，商家给出的解释是整块板子稳定性差，柜门只能用两块板直拼，中间腰线是为了遮丑。可是，这不是越遮越丑吗？其实完全可以通过设计技巧进行无缝拼接，把门板做得更漂亮一些。

★ 前面说了那么多丑的全屋定制，那么好看的全屋定制又是什么样的呢？全屋定制明明可以做得很高级，比如右图的案例，既清爽又实用，而且很有格调。

那么，要怎样才能做出高级好看的全屋定制呢？

我想起一位建筑大师曾经说过的话："当我触摸到精美厚重的门把手，感受到门板上犹如工艺品般的纹理时，我第一次对高品质的生活如此热切地渴望。"

定制的柜体功能齐全且高级，其他家具做点缀，增加品位

① 柜子设计越素越好。

衣柜尽量不要有太多装饰，设计得越素越好，这样卧室显得整洁又宽敞，在视觉上也不会有庞然大物的拥堵感。如果柜子和墙面同色，那么空间就会显得相当整齐。

② 柜子伪装成墙，显得更高级。

如果想要在室内做很多柜子，我强烈建议挑选白色的衣柜，再使用隐形拉手设计，这样可以把柜子尽量伪装成墙，弱化柜子的存在，让屋子显得更大。

不但柜体与墙同色，门也融到墙中（案例由清和一舍提供）

衣柜顶部预留 10 ～ 15 cm 的垂直吊顶，而侧面用轻钢龙骨石膏板做一面墙，立马就能营造出嵌入式衣柜的感觉。其实这种做法造价并不高，但在全屋定制前，需要提前跟硬装师傅沟通。

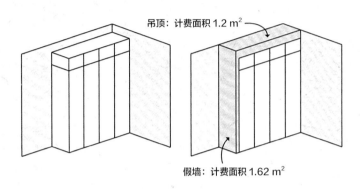

吊顶：计费面积 1.2 m^2

假墙：计费面积 1.62 m^2

③ 好看的柜子两分露、八分藏。

如果嫌一整面墙的柜子有点单调，可以加一组开放格来缓解单调的感觉，这样会更好看。不过，柜子设计要遵循"二八原则"，即柜子的 80% 要做封闭柜体，20% 做外露开放格，这样的搭配能丰富柜子的层次感，不会有太堵的感觉，达到视觉上的平衡。一般的做法是，在柜子一侧加一组书架或展示格，在好看的同时也增加了功能性。加一组玻璃门，也有同样的效果。

两分外露的部分，增加了柜体的趣味性

④ 拉手设计，决定全屋定制 70% 的颜值。

　　正如前面所说，很多好看的柜子都毁在拉手设计上。极简风格的柜子最好选用去繁从简的隐形拉手，除了安装反弹器，还可以通过特殊切割工艺设计实现隐形拉手。如果将拉手换成凹槽，也会瞬间变得高级很多，它可以避免柜子有过多的装饰，影响简约的美感。凹槽拉手有很多种设计形式，比如在门板之间设计凹槽，在腰线处设计凹槽也很好看，或者干脆设计成暗槽。另外，还可以将拉手设计得个性一些，增加设计感。

这两个柜体都使用了凹槽设计

　　那这些柜子要怎样打开呢？不用担心，因为凹槽也是拉手。人的手指在接触凹槽后会自觉挪到交接处，然后就可以借力打开柜门。另外，有些柜门安装了反弹器，这是现在最常见也是最好用的隐形方式。装了反弹器的柜子，从外面看起来就像是一面墙或护墙板，很是简约时尚，将收纳扩充于无形之中，即便是整面墙都打上柜子，也不会觉得压抑、拥挤，非常实用。

　　很多人比较担心反弹器容易坏的问题，其实它并没有你想象中的那么脆弱。一只反弹器可以反复开合几万次，而且我们不可能不停地开合柜子，再加上这个东西更换成本低，换起来也简单，大可不必担忧。

按压设计的柜门，外观十分清爽（案例由禄本设计提供）

⑤ **配色决定整个空间的格调。**

　　定制家具占了家里很大比例的空间，所以配色好看与否，将直接决定整个房子的颜值。我们一般建议空间不要超过 3 个色彩，而且要有一个主色调，一个点缀色调。

用色彩调剂空间（左图由清和一舍提供，右图由禄本设计提供）

　　另外，也要注意使用的材质。比如有人喜欢原木风格，却一不小心装出了廉价感，问题就出在板材上。低质板材很难做出逼真的木纹饰面，而品质高的板材则可以展现真实的木纹肌理。

⑥ **全屋定制要避免零碎，应考虑完整性。**

　　定制家具前，我们一般会先规划布局设计，也就是想好柜子怎么摆，摆哪效果更好。建议大家尽量沿一整面墙去设计，以组为单位，不要东一块西一块，柜子放得零碎分散，毫无整体性。另外，很多定制品牌经常会犯的错误就是只考虑功能，而不考虑这么设计是否会破坏空间颜值，这点就要参考前面说的二八原则了。

⑦ **工艺细节最能体现品质感。**

　　一般来说，不建议买精装房，因为开发商为了节约成本，可能会有偷工减料的情况，品质难以保障，二次装修花费较大。当然，即使不是精装房的二次装修，也需要注意一点，就是工艺的细节。比如地板，如果工艺不到位，住的时间长了，就容易出现缝里全是灰的问题。但这是直拼地板难以避免的事情，固然可以通过美缝来改观，但终究不如从一开始就避免这种情况。因此，我推荐使用可以无缝拼接的锁扣地板，不用担心灰尘乱入。

地板在铺设时可额外加一层软木垫；地面平整的话，强化地板不需要打木龙骨，如果不平整，则需要先做好地流平（案例由如壹设计提供）

⑧ **无处安放的大件家电，摆放不当影响美观。**

　　冰箱、空调、洗衣机算是家里的大件家电，占地方不说，如果空间没有规划好，还会影响整体美观。这个问题可以通过全屋定制来解决，比如客厅里的空调柜机，就可以在定制电视柜的时候将其位置也考虑进去，使之不额外占地方。定制卧室柜子时，也经常会遭遇空调碍事的问题。比较讲究的做法是将空调嵌入柜子里，定制栏栅门板来作为空调出气孔，看起来更美观。

　　如果卫生间放不下洗衣机，有些人会选择将其放在厨房。厨房大还好说，而有些厨房本来面积就不大，橱柜中再塞一个洗衣机，收纳空间就会大大缩水。其实有一个好的办法就是把洗衣机放在阳台，洗晾动线集中在一起，再也不用费力气搬着一盆盆湿衣服往阳台送。阳台空间富裕的话，可以再加一组柜子，用来收纳杂物，住进去就会发现很实用。

⑨ **门的颜色一旦选错，会影响整体美观。**

　　如果你喜欢北欧、原木、日式等清新风格，就不要选择深色木门，尤其酱油色的门很难搭配好看。建议门的颜色最好与地板颜色相似，不想出错的话就选白色、灰色等百搭色。

左右两侧均是白色玄关柜，配合木地板、入户门，空间色彩十分协调（案例由里白空间设计提供）

⑩ **定制柜子，能选平开门就不选推拉门。**

　　前几年，全屋定制市场上推拉门风靡一时，很多人都觉得推拉门开门时不占地方，拿取衣服方便，但装完用两年后你可能就后悔了，因为推拉门的缺点有很多：一是推拉门的两扇柜门不能同时打开，拿取的衣物如果不在一个位置就要不停地推拉柜门，很麻烦；二是门板需要拼接，有些会有腰线，好看的比较少；三是轨道积灰清理很麻烦。

　　而平开门柜体的颜值高，竖向的柜门显得柜子更加高挑，纵向延伸感在视觉上也更舒服。柜子可以直通到顶，不浪费顶部空间。另外，最好的设计就是要弱化柜子，让其嵌入到墙面中，使整个卧室整洁清爽，没有拥堵感。而好的门把手也是加分项，错落有致的门把手看起来会非常有设计感。平开门的门板可以做得窄一些，解决空间

整面墙的柜体，最里面还设计了一个书桌，功能性强，且显得空间通透

狭窄的问题。比如对于小卧室而言，摆完床和衣柜之后，还剩两条细长的过道。这种情况下，门板最窄可以做到 30 ~ 40 cm，这样拉开柜门也不会占用太多过道空间。

　　总之，和推拉柜门相比，平开柜门现在更受欢迎，也是目前的主流趋势。当然，如果家里空间特别小，床和衣柜之间空隙很窄，那还是用推拉门。如果空间比较富裕，还是尽量做平开门。

⑪ **定制柜子的地方不要安装踢脚线。**

　　大多数人装完地板，踢脚线也都顺便安好了。听起来似乎没毛病，但等到柜子进场时，踢脚线全得拆掉，关键有些踢脚线还是用胶粘的，拆完还得清理胶痕，费时费力。因此，装柜子的地方一定不要安踢脚线，等柜子安好了，再让木工把剩余部分的踢脚线安装上去即可。

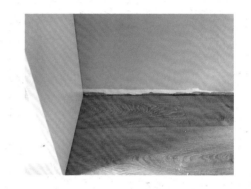

⑫ **插座位置安装错误，影响美观。**

　　我们在定制家具的过程中，经常会遇到需要切割板材的情况。一般是因为硬装时没有考虑家具的位置安排，插线板位置混乱导致。如果想要定制家具，在改水电的时候就要想好家具的尺寸和摆位。如果电点位错了，也不要急于安装插线板，预留电线即可，在定制家具的时候可以重新调整位置，将插座安装在板材上，方便使用。

插座位置没有定制与定制的差别

⑬ **家具尺寸不合理，房子越住越小。**

　　装修最容易犯的错误就是家具太大，会显得空间非常压抑、拥挤。有些业主买的沙发、茶几尺寸太大，搬回家才发现家里根本装不下。这里给大家一个参考，客厅茶几与电视墙过道需要留空至少 100 cm 的宽度，而茶几和沙发之间的宽度以 50 ～ 60 cm 为宜。

　　除此之外，定制电视柜时也要遵循尽量释放空间的原则，给客厅留有足够的活动空间。可以说，定制家具之所以看着舒服和谐，就是因为合理规划了空间，每个尺寸都经过精细测算，以最合理的尺寸在空间中呈现，这是买成品家具实现不了的。

⑭ **卧室布局不当，影响美观。**

　　有些业主家明明是个小卧室，却买一个 1.8 m 的大床，塞得下衣柜，塞不下床头柜。

　　一般这种情况，我们建议选 1.5 m 的床，床距离衣柜 60 ～ 80 cm，再窄的话打开衣柜门就有点困难了；床离窗户要大于等于 60 cm，以保证有足够的上下床活动空间。

一体式设计，镂空部分做了氛围照明（案例由清和一舍提供）

　　卧室面积相对较小时，为了保证柜门有足够的开合空间，衣柜底部可以做镂空设计，让空间更有延伸感。也可选用一体式床，节省空间，且方便实用。

做好格局与硬装，给你的全屋定制打好基础

从户型图开始准备

★ **其实拿到户型图，就已经可以开始设计了。**

① **先学会看户型图。**

很多人装修时都被户型图给限制住了，总觉得这也摆不下，那也空间有限。其实如果户型实在不合理的话，也是可以改的。但我们要先学会看户型图，黑色粗线一般为承重墙，灰色细线为非承重墙。有时候可以通过调整非承重墙或门洞的位置，让户型变得更为合理。

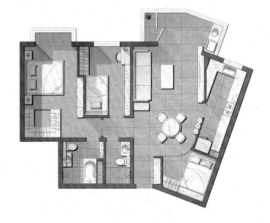

② **"纸上谈兵"，想要改户型，先从户型图下手。**

有些人可能会问，不用量房就可以开始设计了吗？其实一般开发商给的户型图或者房本上的户型图的尺寸已经比较精准，完全可以开始进行初步的规划设计了。比如有个案例，从原始户型图和改造户型图的对比，可以看出来格局方面的改动不小。一是增加了玄关储物功能，还有一个洗手区域；二是扩充了厨房面积，并让厨房直接面对客餐厅，更显开阔；三是牺牲不常用的次卧空间，把面积分给常用的其他功能区；四是改变主卧卫生间的墙体结构，进一步增加主卧空间。

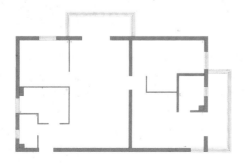

③ **拿到户型图后就可以规划全屋布局了。**

为什么要规划布局？别大意，这一步还是很重要的。初次装修，最容易犯的错误就是收纳空间设计不足，家具尺寸买错，以及家具摆放位置不合理，因此最好画出布局设计图，方便把握尺寸及位置。一般设计师画的布局设计图都是按照家具实际尺寸去画的，能一目了然地看到空间设计是否合理；而业主自己画的话，由于大多数人并非专业人士，可能会因为没有经验，对空间和尺寸缺乏实际概念，导致最终画出来的图不够准确。因此，除非自己有把握做好设计，否则还是建议请个设计师帮忙规划一下设计方案。

户型规划包括：户型调整，让动线更加合理；规划家具位置，让业主住起来更舒适便捷；空间扩容，通过微调增加使用面积，让房子看起来显得更大。举个例子，我们曾经通过合理的布局规划，为业主的家中增加了一间榻榻米房，让一居变为三居（详见第 96 页）。

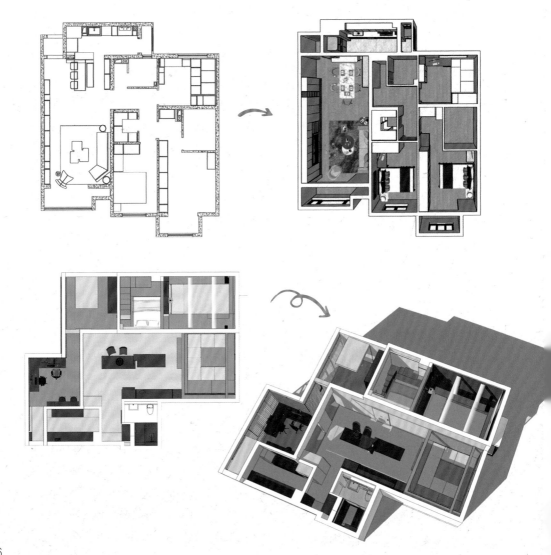

④ 拿到户型图后就可以规划设计全屋定制了。

全屋定制跟硬装一样，一定要早早规划设计，甚至在硬装之前就要提前规划设计好。因为柜子的摆放位置会牵扯到水电的位置，以及踢脚线、吊顶等问题，也会对空间布局是否合理产生一定影响，所以一定要在拿到户型图后跟全屋布局一起规划。

来看一个案例，原始户型是两室一厅，拿到户型图后，根据房间情况和户主的要求，开始设计并建模。现在很多设计师会用 3D 建模来做设计，这样做的好处是，可以让户主"身临其境"地置身于设计方案中，能够充分了解设计的意图，从而方便设计师与户主沟通。如果户主对某些地方不满意，还可以修改。方案确定以后，就可以动工了。

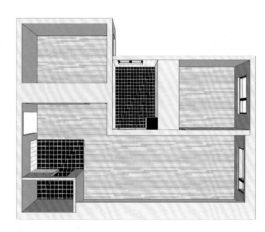
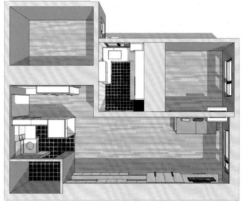

一些全屋定制家具需要灯光渲染，因此要在硬装开工之前设计好电位位置；而有些床头插座的高度和位置，也是在全屋定制设计好后才能得到的数据。可见，设计全屋定制需趁早。另外，定制家具能弥补一些户型的缺陷，让空间利用更合理，为后续的装修设计提供方便。

床头均定制了插座，方便使用。照明按钮也可集中定制在这里。左侧床头发光的是灯带

地热地板的选择

★ 地热采暖是以整个地面为散热器，通过地热网辐射层中的热媒，均匀加热整个地面，从而达到取暖的目的。相较于传统的取暖方式，地热可以给人带来"脚暖头凉"的舒爽之感。合格的地热地板需要做到"四好"。

① 地热地板导热保温性要好。

地面热量通过地板传递到表面，必然会有热损失，理想的地板要兼顾导热性和保温性，能把热损失降到最低。一般来讲，使用同种材料，地板越厚，导热越慢，保温越好，反之则导热越快，散热也快。

② 地板材质稳定性要好。

地热地板的使用环境复杂，尤其在北方地区，非采暖季地面要承受各种潮气，而供暖时地面温度又会骤然升高，地板必然要承受温度、湿度的双重变化。所以地热地板必须要选购材质稳定性好、不易变形开裂的。

③ 地板耐磨性要好。

由于地热地板厚度普遍较薄，所以地板表面涂层耐磨性要好。涂层一般需要达到 0.3 ~ 0.6 mm，主要表层的油漆耐磨耗值比传统的指标要高。

④ **地板环保性要好。**

地热地板要求地板甲醛含量越少越好。如果地板环保性不达标，在使用地热的过程中，它便会释放出很多有害物质，影响室内空气质量，对人体健康产生危害。

地热地板的选购有 3 个误区：一是以为所有地板都适合地热环境，二是以为地热地板越厚保温性越好，三是以为地热地板规格越大越好。事实上，并不是所有地板均适用于地热环境，而且如果地板厚度太大，也不利于热量传导到板面上来。此外，地板规格越大，水分散发越快，相较于规格较小的地板更容易出现裂缝。一般来说，适用于地热的地板类型有实木复合地板、强化复合地板。实木复合地板，因其纵横交错，且留有伸缩缝的特殊结构，可以分解受热而产生的应力，变形量小；强化复合地板则由高温压制，内部含水量较低，地板不易变形，稳定性好。

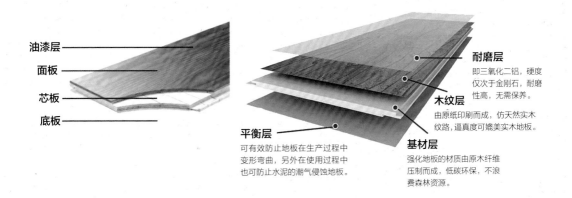

油漆层
面板
芯板
底板

耐磨层
即三氧化二铝，硬度仅次于金刚石，耐磨性高，无需保养。

木纹层
由原纸印刷而成，仿天然实木纹路，逼真度可媲美实木地板。

平衡层
可有效防止地板在生产过程中变形弯曲，另外在使用过程中也可防止水泥的潮气侵蚀地板。

基材层
强化地板的材质由原木纤维压制而成，低碳环保，不浪费森林资源。

乳胶漆的选择

先来初步了解一下乳胶漆的分类和优缺点。

乳胶漆按光泽度分类，大概有 4 种。亚光漆无毒无味，具有较强的遮盖力和良好的耐洗刷性，附着力强，耐碱性和流平性好，同时安全环保，施工方便。丝光漆质感细腻，涂膜平整光滑，具有高遮盖力、强附着力、极佳的抗菌及防霉性能，以及优良的耐水、耐碱性能，涂膜可洗刷，光泽持久。有光漆具有色泽纯正、光感柔和、漆膜坚韧、附着力强、干燥快、防霉耐水、耐候性好、遮盖力高等特点。高光漆光亮如瓷，色泽美观，具有卓越的遮盖力与附着力，以及高防霉抗菌性能，耐洗刷，涂膜耐久，且不易剥落，坚韧牢固。

乳胶漆的优点有：价格相对便宜，干燥成膜迅速，施工便捷，透气性好，耐水性好，环保性高，适用范围广，不易吸灰，保色性及耐候性好。但是乳胶漆也有一些缺点，比如施工温度要在 5℃以上，只能平涂，无法表现花色或立体感，相较于壁纸、硅藻泥等，乳胶漆对墙面裂纹的遮盖能力较弱。

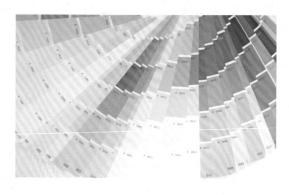

乳胶漆的选购有 4 个误区，一是重颜值、价格而轻品质，二是以为色卡与墙面颜色完全一致，三是没有提前估算用漆量而随意购买，四是以为无气味就是环保产品。

正确的选购乳胶漆的做法是，一定要去正规的品牌店购买，同时还应注意查看产品详情以及检测单，只有经过国家绿色十环认证的乳胶漆才是真正的环保漆。在选择色号的时候，要比色卡浅一点，因为刷上墙的乳胶漆在光线反射的作用下，呈现出来的颜色会比色卡颜色更深。另外这里告诉大家一个估算漆量的方法：所需漆量（L）= [墙面面积（m^2）×2.5] / 每升漆可涂刷面积（m^2）。由此计算出所需漆量，并在此基础上多买 15%，这是墙面漆施工的合理损耗量。

★ 那么，正确选购乳胶漆有什么技巧呢？

① 看品牌，尽量选口碑较好的大品牌。

② 看生产日期。

乳胶漆的保质期一般为半年至一年，购买时生产日期越近越好。

③ **看环保标识。**

要注意认清乳胶漆产品的生产厂家、商标、防伪标识、合格证，以及注明无铅无汞、挥发性有机化合物（VOC）等指标符合标准且具有国家环保认证的证书。（注：国内强制标准要求 VOC 含量 ≤ 80 g/L，见于《建筑用墙面涂料中有害物质限量》GB 18582—2020。）

④ **看表面。**

好的乳胶漆颜色均匀纯净，漆液油嫩细腻有光泽，无沉降、结块现象。放置一段时间后，表面会形成有弹性的氧化膜，且不易开裂；用刷子搅动时有很大阻力，说明乳胶漆的质量非常好。

⑤ **检查黏度。**

涂料的黏度要控制在一定的范围内，可提起蘸有涂料的刷子，涂料呈不间断的线状向下滑落，说明该产品黏度很好。

⑥ **检查附着力。**

将气球吹起一点点，直接浸入桶中蘸上涂料，再拿起气球吹大后等待自然晾干，晾干后放气，查看放气过程中及放气后漆膜在气球上的表现。气球放气后，如果漆膜完整且无脱落现象，则说明漆膜韧性好，乳胶漆对底材具有很好的附着力。

⑦ **看上墙效果。**

蘸取适量乳胶漆涂刷上墙，优质产品涂刷起来手感顺畅，遮盖力强，能够有效地覆盖墙面原色或污渍。

⑧ **看耐擦洗效果。**

一般的乳胶漆耐擦洗次数达几千次，好的能够达到几万次，一些儿童涂鸦笔迹用湿毛巾即可擦洗干净。

大、小户型各自的设计要点

小户型房子如何避免产生廉价感？

① 色彩、风格、调性统一。

　　工作过程中经常会遇到那种花了很多钱却装得很普通的家庭，家里风格乱，且没有统一的调性，更别提时尚感了。而设计得好的小户型，虽然房子不大，但一进门便给人干净通透的感觉。事实上这样的装修费用不一定很高，但是只是设计得当，就能装出格调。比如同样用最普通的装饰材料，整体白灰色系的空间会显得很干净，加上满屋的白色定制家具，以及点缀实木色家具，看似很普通的材质却给人很舒服的视觉感。要做到这一点，家里的一切物件摆设都不能偏离整体色系风格。

棕褐色 611　　咖啡色 614　　中灰 509

银灰 512　　丝绸灰 518　　银色 505

云白 800　　鹭白 898　　象牙白 203

珠白 859　　雪白 807

本页至第 44 页为同一案例，图片由会筑设计提供

② **合理的空间规划。**

　　要想房子住着舒服，空间规划很重要。比如客厅小，可以改成餐厅和书房，整面墙的定制家具可以让两个空间完美衔接。定制柜的另一端定制了侧翻床，轻轻翻开就能睡觉，侧翻床比上翻床要稳固实用，还不占用空间。

③ 一切美好的空间都要有隐藏式设计。

过去的老房子为什么给人脏乱差的感觉，就是因为处处堆满了杂物，设施日渐老化，房子越住越乱。把杂物都藏起来，表面看起来空无一物，才会有美好的空间体验。

过去阳台很小，而且利用率低，若是把阳台和客厅打通，客厅面积便开阔不少。且阳台两侧都可以定制柜子，增加储物空间。当把杂物隐藏起来，才能去对月饮茶、窗前赏景。打开柜子，洗衣机和烘干机隐藏其中，关上柜门，不影响阳台的岁月静好。

④ 改变格局，增加层次感。

对于普通人来说，卧室好像没什么好设计的，买一个衣柜、一张床似乎就能满足居住需求。这也是为什么普通人家装修给人感觉很"空"的原因之一。卧室完全可以多做一些设计，比如在床头定制储物柜，在储物柜底下安装灯带，让整个空间很有层次感，也很舒适。床头设计阅读灯和放书的空间，可以照顾主人的阅读习惯。

在设计床头储物柜与床的时候，一并设计了床头插座的位置

⑤ 儿童房更需要紧凑设计。

　　儿童房一般都不大，却是需要很多功能区的地方。衣柜、床、书桌、书架这些都是成长性儿童房的刚需标配，为了空间利用得紧凑合理，可以定制一套连接式家具，让房间看起来宽敞有余，五脏俱全。

⑥ 卫生间最能体现品质感。

　　卫生间品质感标配：干湿分离、储物浴室柜、精致五金、质感瓷砖、灯光设计。

　　卫生间布局其实非常重要。过去的卫生间常常是马桶占了一半空间，没有淋浴区。如今合理的规划布局可以让卫生间实现干湿分离，从而提升使用的舒适性。

橱柜左侧未出现的部分是个含穿鞋凳和穿衣镜的玄关柜（见第58页）

⑦ 橱柜设计决定生活质量和幸福指数。

　　为什么去宜家的厨房逛一逛会有非常幸福的感觉呢？那是因为空间整体布局合理，橱柜设计简洁漂亮，再加上一些暖心的细节设计，给人温馨高品质的居家体验。我们总是觉得厨房小不够用，其实是家里橱柜没做好。我们曾在一个案例中为厨房设计了一组 U 形橱柜，让厨房瞬间看起来大了一倍。白色的爱格板橱柜搭配泛着光泽的石英石，让原本不大的空间干净明亮，合理地规划了"洗、切、炒"的动线，待在这里即便不做饭都会让人感觉很惬意舒适。

大户型的房子要怎么装修？

大户型设计很容易走向两个极端，欧式风格总是容易设计得太满，简约风格又容易设计得过于简单和单调。

我从 5 个方面简单总结一下设计要素。

① 确定"地、墙、顶"三面的色彩和材质。

"地、墙、顶"这三面空间选用什么色彩、什么材质，初步决定了你家的风格和品质感。

举个例子，木地板和大理石地面所呈现的风格就不一样。木纹地板风格包容性强，铺在家里更显温馨，适合打造极简、北欧、日式等风格。而大理石与生俱来的冷艳光泽感和天然不羁的花纹，天生就具有高贵气质，尤其是通铺大理石，可以让整个空间看起来很高档，适合打造现代、轻奢、意式、极简等风格。有些人会觉得大理石造价高，其实现在仿大理石的瓷砖也都做得很漂亮，并且不用担心辐射污染。

② 切忌大白墙，要丰富墙面层次感。

小户型可以大面积留白，而大户型如果大面积留白就会显得单调。一般大户型的墙面要"呼应"着去设计，50% 的装饰背景墙，50% 的留白，增加墙面的层次感。

电视墙的木饰部分与书架呼应，线条设计则增强了灵动性

电视背景墙与柜子连接的形式（图片来自我图网）

大户型的电视墙一般都很长，所以可以设计成柜子与电视背景墙连接的形式，增加空间层次感。电视墙也可以用 2 ~ 3 种材质搭配设计，看起来不单调，又有设计感。

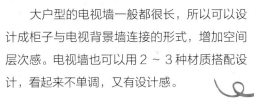

③ 卧室背景墙可以通过设计硬包或软包来增加质感。

这里讲的不是过去那种欧式软包，而是极简风格的软包或硬包背景墙，比起大白墙或墙漆，更能凸显格调和提升档次。半墙设计搭配灯光，可增加墙面层次感。

④ 利用灯光渲染来提升空间质感。

　　射灯已经不流行很久了，现在流行渲染氛围灯。此外，嵌入式线性光可以凸显空间感。

氛围灯可以把空间效果渲染到极致（左右两图出自同一案例，由里白空间设计提供）

⑤ 定制家具能提升房屋档次和格调。

　　除了"墙、地、顶"，定制家具可以算是家里面积最大的家具了，其设计得好看与否会直接影响房屋颜值和档次。

　　定制家具的结构设计是很有讲究的，分割比例线条设计得不对，很容易就变得很丑。此外，材质的选择与搭配也很重要。其实，定制家具要想经久耐看，还是要设计成极简风格，一柜到顶，与墙面很好地融合起来，更能凸显档次。

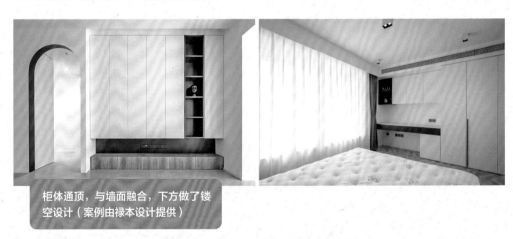

柜体通顶，与墙面融合，下方做了镂空设计（案例由禄本设计提供）

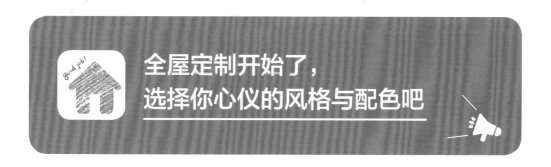

全屋定制开始了，选择你心仪的风格与配色吧

如何确定装修风格？

我建议大家先以冷色系和暖色系来快速找到自己喜欢的风格，因为你的心中一定有对家的色彩的憧憬与想象。

如果你选择了暖色系，那么当下这一色系中的代表风格是原木风格。相比于前几年盛行的北欧风格，现在越来越多的年轻人更喜欢这种原木风格，尤其在快节奏的工作、生活中，原木风格的家更能带来放松、治愈、温暖的感觉，让人安放下疲惫的心。

其实原木风格也分很多种，给人的感觉是完全不同的。

① 极简原木风格。

这是目前年轻人接受度和喜爱度最高的一种风格，既具有极简风格的大气，又有原木风格的清新和温馨，混搭一些喜欢的家具，很是时尚有趣。这种风格多以极简造型的全屋定制柜子作为大面积的装饰背景，一来可满足年轻人需要的超大储物空间，二来又可增添高品质的格调感。

既实用又有格调（案例由清和一舍提供）

② "侘寂"原木风格。

"侘寂"这词来源于日本美学，一般指朴素又安静的事物。喜欢这种风格的人向往一种淡泊宁静的生活境界，"侘寂风"正是他们内心真实的写照。但说实话，如果装得特别日式也挺没趣的，一般我们建议大家在"侘寂"原木风格的基础上搭配一些具有设计感的造型家具，来增加一些年轻时尚的元素。

"侘寂风"的效果非常素雅（图片来自摄图网）

③ 禅意原木风格。

现在不少年轻人，尤其是内心文艺一点的人都喜欢这种风格，干净、明亮、原木、禅意是其特点。或许，你会觉得这种风格更偏向于中式，但其实它只取中式"禅"的意境，保持现代的生活方式，也不失为一种新的时尚。柜子作为空间里大的色块，其设计非常重要。在全屋定制时，我们一般选用更接近原木的浅木色板材，选购的柜子、地板、家具也要保持同一个色调，整体空间才会和谐好看。

④ 混搭原木风格。

我一直认为，年轻人的住宅有多元化的元素才够有趣，如果你去找传统装修公司，那些设计师一定会给你限定很多风格的框框，并套用一些约定俗成的风格来糊弄你，其实他们这种所谓的"风格"并没有灵魂，而且总感觉非常假、非常生硬。喜欢原木的整体色调，但也可以搭配一些活泼、跳跃的装饰元素，以增添鲜活的生活感，甚至混搭一些鲜艳的色彩，又有何不可？

⑤ 轻奢原木风格。

其实，原木只是一个色彩和材质基调，有人偏爱淡泊安静的风格，有人则喜欢年轻时尚一点的，当然还有人喜欢偏轻奢的原木风格。在原木的基础上搭配一些轻奢元素，比如大理石、黄铜、灯光设计、轻奢风格的软装等，这种风格在大宅中用得比较多。

原木搭配大理石，展现轻奢气质
（案例由清和一舍提供）

再来聊聊冷色系。其实喜欢冷素色调的大有人在，因为这种色调最能体现家居品质感和高级感，给人感觉雅致、冷静、理性，它的气质有点像是"打扮精致的精英绅士"。这种风格往往很显贵，常使用大理石、烤漆门板、精致的五金配件等，好的材料造就了这种浑然天成的高级感。这种风格也可以用在小户型，但建议以白色系为主，不然使用太多深色和灰色，会令空间显得压抑。

冷素色调的家居（图片来自摄图网）

冷色调搭配大理石，有一种高级感
（图片来自摄图网）

这种风格还可以加入一些轻奢元素，比如黑色大理石、深色烤漆柜子、大理石台面等，能瞬间提升低调奢华的品质感。不得不说，这种风格比原木风格更能凸显精致感，但有些人会感觉太过冷清了，有些人则爱到不行。

大理石的地面与桌面，加上原木纹理，
很有质感（案例由清和一舍提供）

家从某种角度来说，就是屋主内心最真实的写照。装修自己的家，就应该尽情考虑自己真实的感受，不要介意外人的目光，自己住着舒服就行。喜欢素色和黑白灰的人，完全可以尽情享受这种色调带来的冷静、极致和低欲望感，只要你喜欢就足够了。

为你的家选择适宜的配色

在装修过程中，很多人并不擅长选择色彩搭配，常会出现几种情形：家里色彩多，显得空间凌乱和拥挤；灰色和深色用得太多，空间显得压抑；盲目跟风流行色，空间容易显得俗气；只关注单个家具的样式和色彩是否好看，很少考虑整体搭配；墙面和家具都选择白色或浅色系，如果是大户型会显得很单调，缺乏设计感。

那么要怎样配色才好看又出彩呢？

① 房间里尽量不要超过 3 个颜色。

有时候，我们会忽略家具、物品之间的彼此关联，其实每个物品都有自己独特的色彩属性，胡乱拼凑容易造成空间杂乱无章。空间配色要达到视觉上的平衡，就要在色彩上做"减法"，一个房间尽量不要超过 3 种色系。可以把一些凌乱的色彩进行隐藏，只留一种颜色，作为空间的情绪点缀色。建议尽量用亮色作为空间的点缀色，让空间尽量保持干净整洁。

② 别轻易涂彩色漆。

普通人其实很难掌控好墙面色彩，涂不好特别容易"俗"气。如果没有专业设计师设计，建议大家不要轻易涂彩色，也不要盲目跟风潮流。建议遵循两个原则：一是色彩饱和度要低，比如在颜色中加入灰色，让色彩显得更稳；二是不要涂满屋，只涂一面墙点缀即可(床头、背景墙等)。

淡绿色的背景墙，为一片白色的卧室增添了清新活泼的氛围，令人愉悦

★ 那么，定制家具如何配色才会好看呢？我们来讲讲最经典的搭配。

① 白色与木纹。

我一般建议小户型选择白色和原木色的搭配，会显得家里很温馨。当然，配色也是有讲究的，可根据你家里的风格、采光及个人喜好来调整这两种颜色的色彩搭配比例。有些人定制时只强调自己喜欢木纹元素，但并没有明确的方向。其实，木纹色彩也分很多种，选用不同的木纹风格会相差很多，所以要先确定好自己喜欢的风格，再去选择适合的木纹。

原木搭配白色纱帘，很有文艺气息（案例由鹿可可设计提供）

比如原木色最接近木材本身的颜色，能营造温馨放松的家居氛围，也是大家选用最多的色彩。浅木纹则给人不一样的感觉，它是很治愈的色彩。如果选择浅木纹，最好连地板也选择同样的浅色系，这样整体效果会非常清新，如果家里光线好，空间会显得通透干净。而饱和度较高的柚木色会让心情一下子变得明朗起来，给人一种轻松愉悦的度假感觉。若是深木色的话，会彰显出一种低调轻奢的格调（中式风格也适用），搭配同色系胡桃木家具会显得非常高级。还有一种很有高级感的灰色系木纹，是一种低饱和度的仿木纹，在爱格板中的色号是"奥特兰松木"，一般用在别墅和大宅比较多，很多人不敢尝试新鲜的颜色，但这个颜色用好了也很好看。

② 如果喜欢现代感强的极简风格就选择白色搭配黑色。

可以用大面积白色与黑色搭配，也可以在此基础上再添加少量的木纹装饰，会很出彩。

黑色调节了大面积白色的视觉感

③ 灰色搭配木纹，打造出意想不到的文艺气质。

灰色不建议大面积使用，但如果家里采光很好，灰色搭配木纹会很有惊喜感，让你的房子平添一种文艺气质。

④ 浅灰色比白色更有质感。

很多人喜欢灰色，又担心灰色的效果，其实在采光条件允许的情况下，使用灰色会呈现白色不能比拟的质感。灰色也能丰富空间的层次感，更能突出空间档次。

⑤ 黑线装饰。

除了以上几种色彩搭配，还有一种新的设计手法，那就是黑线装饰，它比其他手法更能突出极简风格，而且有时尚感。黑线装饰的具体做法就是在纯色柜子的基础上用黑线点缀，其装饰效果强，色彩分明，能突出柜子线条结构感。

★ 除了以上搭配，这里给大家几个搭配方案以供参考：

浅色 + 浅色 = 干净、治愈

浅色 + 原木 = 温暖

白色、黑色、木色（家具）+ 灰色系（地板）= 有格调

白色、黑色、深木色（家具）+ 深木色（地板）= 高级感

灰色、木色（家具）+ 原木色（地板）= 混搭

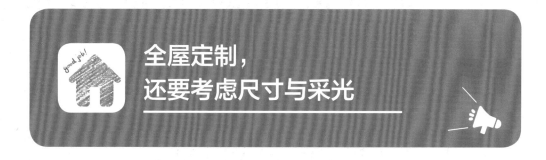

全屋定制，还要考虑尺寸与采光

全屋定制的常用尺寸需考虑

★ **关于尺寸，大家有很多误区。**

① **衣柜进深一定要达到 600 mm 吗？**

600 mm 的进深只是行业常规尺寸，如果是小户型的家，卧室空间比较局促，衣柜可以定制进深 500 ~ 550 mm，收纳衣服足够了。一件最大号的男士衬衫所需空间为 450 mm，550 mm 进深的衣柜足够了，卧室再小一点的话，定做 500 mm 深的衣柜也不是不行。

还有些业主家里房间实在小，发愁儿童房摆不下衣柜、书桌，又不想牺牲床的面积，于是我们会提醒他，衣柜不一定非得标配 600 mm 深，何不定做 400 mm 深的衣柜，衣服你可以叠着收纳啊，或者挂小朋友的衣服也足够了。别小看 400 mm 进深的柜子，它也是很能装东西的，总比没有强。

总之，全屋定制的原则就是：家里所有家具的尺寸都不是固定的，要根据空间大小，有所取舍，有所变通。

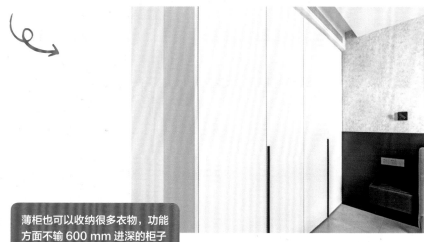

薄柜也可以收纳很多衣物，功能方面不输 600 mm 进深的柜子

② 鞋柜一般设计多大？

以一双 44 码的鞋子为例，鞋长 300 mm 左右，所以鞋柜深 350 mm 就足够用了，400 mm 的深度就算很宽松了。

那什么情况可以做深一些呢？比如家里本来没有玄关墙，可以定制一个双面柜，利用柜子的厚度设计入户玄关鞋柜。如果是 500 mm 进深的储物柜，在侧面打造凹位，方便进门时放钥匙、包和换鞋。若是在 600 mm 进深的柜子侧面空间打造凹位，当鞋柜足够用了。

那什么情况要做薄一些呢？比如门后空间很窄的话，你可以定制超薄鞋柜，别看薄，相当实用。这种鞋柜虽然很薄，也能装 10 双以上的鞋，总比没有强。

这里我要分享一下心得：凹位空间的长度 600 ~ 800 mm 就够用，主要放包和钥匙，留太大没什么意义，不如都设计成柜门，还能多装几双鞋；凹位高度 250 ~ 300 mm 即可，太高没有意义，而且比例也不好看。底部空间留出 200 mm 的高度就可以塞下高跟鞋。台面高度为 900 ~ 1100 mm，当然 150 cm 和 180 cm 身高的人肯定不一样，还是要根据身高来确定最舒服的黄金尺寸。

中间设凹位，底部留空，可以根据屋主的需要量身定制

③ 餐边柜定制多深才够用？

其实餐边柜多深，主要考虑你要放什么东西，比如如果你想吃饭的时候电饭锅、微波炉、烤箱等就放在随手可用的位置，那就要根据家电的大小来定制。放大件家电的话，餐边柜深度可定制为 400 ~ 500 mm，一般来说 400 mm 就足够用了；放小件家电的话，餐边柜深度 280 ~ 350 mm，当然这是家里空间比较小的情况下的尺寸。

餐边柜可以放置小家电或者餐具等，非常方便

如果只是放摆件、餐巾纸之类，餐厅空间又不大，那么定制 200 ~ 250 mm 深的餐边柜也是可以的，既不占用太多空间，用来收纳家里的零食和瓶瓶罐罐也足够了。如果需要嵌入烤箱和冰箱的话，则需要 500 ~ 600 mm 的深度，前提是家里空间足够大。

从实用角度来看，凹位高度在 500 mm 以上时，看起来更开阔，使用起来也更舒服。如果考虑装饰视觉美学，200 ~ 300 mm 的高度会好看许多。如果完全不考虑收纳小家电，纵线条设计会更好看，可以装点美化空间。非常规设计也很美，比如嵌入式灯带，中间摆放一些能体现主人品位的艺术品，这样的柜子设计天天看也不腻。还有的人家里墙面比较长，这种情况就可以鞋柜与餐边柜一起设计，空间整体感更强，不但实用，颜值也高。

柜体凹位设计了嵌入式灯带，摆放着屋主喜爱的装饰品

④ 电视柜尺寸是由空间大小决定的。

客厅宽小于 3 m 的话，不适合定制满墙电视柜；宽大于 4 m 的话，可定制 250 ~ 350 mm 深的电视柜；宽大于 5 m 时，可定制 400 ~ 500 mm 深的电视柜。

其实小户型最薄可定制 220 mm 的电视柜，不占多少空间，却能让客厅显得非常开阔。若是客厅宽大于 5 m，则可以整面墙都设计成柜子，既增加家里的储物空间，同时也是一面超有美感的装饰背景墙。

家居采光不足，通过装修技巧弥补

这里我要说句人实话：采光差是硬伤，"神"也改变不了，只能通过一些装修技巧来改变人们在视觉感官上的感受。

采光差的原因大致有以下几点：一是楼层低（基本住过一楼的人都不想再买一楼了）；二是非南北通透户型，只有一间房有窗户；三是楼间距小，影响采光；四是户型狭长，房间内没有窗户；五是客厅隔出卧室后变成暗间。

我设计过很多采光不好的房子，总结了一些经验，分享给大家。

① 刷白墙就能解决问题吗？

采光是硬伤，白色也拯救不了，但白色给人一种轻盈透亮感，视觉上可以增加空间的明亮度，放大空间的视觉效果。但白色的功效被很多人无限放大了，现实可没有这么美好，即使整屋都刷成白色，在没有采光的屋子里，大白墙也是灰色的。如果白色都不管用了，那怎么办？

我的建议是，用白色搭配适量的灯光设计，会让整个空间明亮通透很多。比如，我们在给客户定制柜子的时候，如果房间采光很差，我们会预埋一些灯带设计，光线自然柔和，整个空间令人非常舒服。

整个房子的中间部分最容易出现暗厅，加一些柔和的光线，心情会明朗很多。另外，很多卫生间都是暗间，一条灯带就能解决所有问题。

天花板、柜体凹位等处均可安装灯带，提亮空间

② 镜面大理石地板。

　　我以前给一些别墅做空间设计，其实很多别墅的户型都不好，采光差的也很多。别墅室内装饰设计喜欢用大理石，除了气派，也能起到一定的光反射作用，让空间看起来更通透。同样的道理，小户型铺装大理石，效果也很好。

③ 家具全用浅色系。

　　很多人喜欢实木家具，搞得家里黑压压一片，如果采光差，会让人心情很压抑。其实可以尝试用浅色原木，营造自然素朴的质感。我们在定制柜子的时候，会特意建议业主这样搭配，因为这样会让空间整体色彩很协调，还有层次感，即便采光很差，在视觉上也很清新。

中间设凹位，底部留空，可以根据屋主的需要量身定制

④ 白色与明亮色点缀。

　　如果你在一个空间看到一些明亮的颜色，是不是心情也变得明亮许多？在白色的基础上，给空间增加一些浅色系的搭配，也可以将深色系作为局部点缀色，这样的空间才是活跃的、灵性的、完美的，且有层次感。给空间多一点白，你会发现，眼中所见，是光，是暖，是生活安然，是时光妥帖。如果儿童房采光很差，一定要使用一些明亮的色彩，明亮的色彩对长期处于阴暗环境下的儿童心理有治愈效果。

⑤ 试一试给家具瘦身。

采光差的空间，需要身材好的"大长腿"家具。这是为什么呢？因为家里光线本来就少，再陈设笨重的家具，会更加挡光。

因此，这里给出两条建议：首先家具要尽量少，让空间保持干净爽朗；其次使用细腿家具，让空间更轻盈透亮。事实上，比起厚重无腿的家具，细腿家具能够减少家具的厚重感，让空间视觉感更加通透，且减少了空间的阴影面，让光线无阻碍地自由穿梭在家中。此外，细腿家具悬空的形制也更便于人们日常的清洁打扫，对于热爱清洁的居家达人来说，会方便很多。

这个墙面设计了一个室内窗，不但可以让厨房和餐厅的人互相交流，还为空间带来一点趣味性

家具的细腿显得轻盈，让空间有一丝灵动的气息

⑥ 多余的墙，该拆就拆。

重要的事情说三遍：这里说的是非承重墙！这里说的是非承重墙！这里说的是非承重墙！

打通非承重墙，可以最大程度地将自然光引进来，让光尽可能地不受阻挡，充分利用有限光源，让空间更加明亮温馨。比如过去北京的老房子，卧室大都有一个矮墙，隔出一个阳台，拆除之后不仅房间显大，而且光线更通透。也许有的朋友会觉得，这种打通格局的做法会让空间没有分区。如果不喜欢这种开放式格局，可以用玻璃隔断对不同功能空间进行划分。有了玻璃隔断，空间就有了划分明确的区域，同时，光线既能尽情照射，又能通过玻璃面进行光反射，让光线得到二次利用，还有，这种玻璃隔断的艺术性很强，能增加空间美感，为空间颜值加分。

两个隔断之间是一个洗手台，这个小区域不但实用，还有着划分空间的功能

⑦ 增加光反射能提亮空间。

采光不好的话，可以在空间里使用一些镜面材质，比如现在比较流行的亮面烤漆，它跟大理石一样，能增加空间通透明亮感。

爱默生曾说过："日光是首屈一指的画师，在他的色彩浓艳的笔下，再丑陋的东西也会变得媚态百生。"只要我们有一颗让家变得更好的心，即使家里采光差，也能通过智慧，让每一道光，更为长久地留在我们的家里。

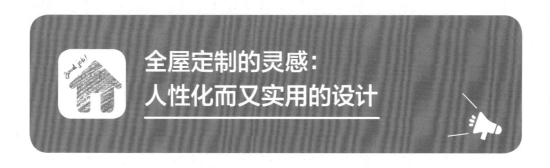

全屋定制的灵感：
人性化而又实用的设计

好用的家，一定是人性化的设计

设计就是要"以人为本"。我见过无数个"复制版"的家，尤其是北欧风格，被很多国内设计师滥用，那些几乎一模一样的几何地毯、绿植挂画被复制到了无数家庭。当设计失去了对"家"的理解，就会犹如批量售卖的商品般空洞低廉。而家，本该是人们对生活的理解和热爱自然流淌出的模样。好用的家，一定拥有最人性化的设计。这里通过我们曾经做过的一个案例来讲解一下什么是人性化的设计。

① **根据家里固定物品的尺寸来设计柜子。**

业主在与设计师沟通的时候，最好在设计之初就详细地把需求以及物品的尺寸说明一下，以便设计师按需设计，并给出合理的尺寸。本案例中的业主给我们画下了她理想中的家，并细心地标注了物品的尺寸，她需要一个大大的玄关柜，可以收纳羽毛球拍、空气净化器、儿子的玩具箱，以及爱宠的猫舍等，同时还要遮住电表箱。于是我们根据她给出的信息提供了设计方案。这样沟通起来效率最高，而且效果也很好。

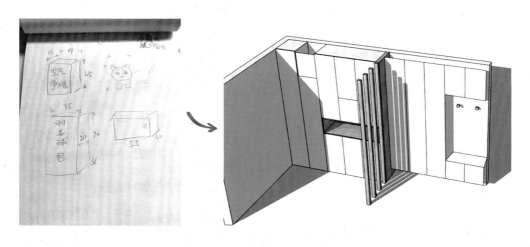

② 在柜子底下，给宠物安一个家。

　　柜子设计是灵活的，那些市面上的标准化柜子并不能满足我们的日常需求。比如现在很多业主家里会养宠物，成品柜是无法为爱猫提供猫舍的，但定制柜就可以做到，只不过到底要不要将猫舍集成到定制柜中，还要看业主自己的选择与安排。

③ 满足内心对自然的渴望。

　　家的样貌取决于它的主人以怎样的眼光来看世界，这就是家的含义的延伸。

　　业主憧憬着自己的房子能回归自然，虽然身处都市，但回到家里却能寻得一丝温暖、天然、质朴。于是我们在设计柜子的时候用浪漫的白色作为主色调，用温暖的木质材料点缀，搭配屋主喜爱的天然木材，打造自然系风格，吊灯则选用浪漫的蒲公英灯，自然仿生。天然的原木树杈撑起了空间的整体格调，让这个房子有一种自然的亲切感，这种放松的空间气场正是屋主想要的。

在家中种下一棵"树"，收获自然系的亲切感

④ 整面墙的柜子，可满足未来 20 年储物需求。

设计之初，业主就表达了对收纳的强烈需求。根据户型特点，我们在入户门处设计了两个深度不同的玄关柜，一进门便在视觉上形成空间延伸感，线条干净简练，兼顾强大的收纳功能，同时又能满足两人追求高级极简风格的需求。

玄关柜对面的墙上有一面穿衣镜，穿衣、换鞋、拿包、出门，动线十分流畅

⑤ 用数学公式计算鞋柜的最佳深度。

因为入户门厅的空间相对狭窄，鞋柜要设计得尽量薄。为了保证充足的收纳空间，我们进行了精密的计算，最后得出结果是，鞋柜做成 24 cm 的进深，对这个户型来说是最合适的。鞋柜底部镂空，进门不弯腰即可换鞋，且入户即可挂包和外套。

⑥ 厨房安装感应灯带，为家点亮一盏温暖的灯。

　　厨房安装感应灯带，这个小细节很人性化，晚上起床倒水，灯带在 2 m 之外自动感应亮起，是非常暖心的设计。

⑦ 书柜壁橱，弥补不规则户型。

　　原本的房间并不是方方正正的，我们用柜子填补了不规则户型的缺陷，同时也多了一面储物柜。

解决不规则户型的畸零角落，最好的方法之一就是做成收纳空间

提高效率的实用设计

▲ 关于整理，前几年很多人倡导断舍离，但这治标不治本。建议在设计装修的时候提前规划好收纳空间，用装修提高生活的效率。对此，有几点原则：**一是根据生活习惯和动线就近收纳；二是为未来收纳预留空间；三是各归其位，找东西更方便；四是根据居住痛点来解决收纳问题。**

☞ 先来看提高家务效率的设计。

在中国，80% 的家庭都没有家务空间，不是户型小，而是在装修之初就没做好这块区域的规划。

① 笤帚、拖把、吸尘器、挂烫机、熨斗，这些放在哪？

房子住得久了，你会发现家里有很多无处安放的物品，于是你绞尽脑汁将它们藏在门后面、墙角里，结果越堆越乱。这时候如果有一个家务用具收纳区就完美了。其实，只需在定制柜子的时候留出宽 50 cm 左右的空间就足够了。

> 电视墙中的家务收纳区，拿取十分方便（案例由里白空间设计提供）

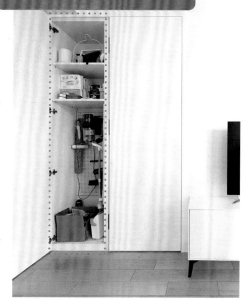

> 分类收纳便于寻找物品；集中收纳，节省动线，不用跑来跑去找东西（下方右图案例由清和一舍提供）

② 换下的衣服不想洗，放衣柜会脏，堆外面又乱。

房子小，家里人口又多，自从有了孩子，洗衣机几乎每天都在 24 小时待命状态，如果待洗衣物随手乱放，这个区域简直就是"重灾区"。对此，可以在洗衣机的周边空间搁置脏衣篓，或者索性直接做一个家务区：一能放脏衣服，二可以收纳各种清洁剂。把脏衣服都隐藏起来，眼不见心不烦，然后集中清洗。

③ 厨房台面上的东西总是很杂乱？

厨房台面上锅碗瓢盆一大堆，肯定是橱柜没设计好。大多数家庭的厨房都是地柜与吊柜组合的传统模式，经过我们反复测试比较，这种橱柜的收纳力其实很弱，只能放下一些厨房必备的物品。厨房最多也最难收纳的其实是锅具和小家电，如果在厨房一侧定制一个柜子，或者挤一个置顶的高柜出来，就可以摆下这些杂七杂八的小家电了。在墙上定制搁板也是不错的方式，不过要考虑承重和抗污能力。

大多数人家里做橱柜，洗菜池下面都做成了固定抽屉，或者索性做成一个大柜子，下水管道、厨宝、净化器都在此安家，其实这种设计浪费了很多空间。如果留一小部分空间用来收纳洗洁精、钢丝球、刷锅球、百洁布等，也很实用。这些东西看似不多，清点起来也一大堆，都堆在水池边上又影响整洁度，所以做橱柜时，最好把这部分收纳也考虑进去。柜门后面也是不错的收纳空间，可根据想要收纳的物品定制收纳工具。

台面下方空间放置一个收纳架，可以存放蔬菜，墙面上的收纳架则用于放置调料

☞ 再来看提高工作效率的设计。

想要做到完美收纳，就需要根据家庭成员的生活动线来设计。这就要用到就近原则了，就近原则就是在触手可及的地方设置收纳空间，将物品就近收纳，缩短动线，让随手收纳成为可能。

我有一个业主是一个IT男，电脑周边用品一大堆，于是我们给他定制了有3个大抽屉的书桌，笔记本电脑都能收纳在里面。还利用有限的空间设计了一面墙的书架，除了放书还能收纳很多杂物。另外，可充电抽屉也是一个很棒的设计。

☞ 第三是提高就餐效率的设计。

很多家庭会忽略餐边柜，其实餐边柜真的很实用。

桌面和餐边柜的台面皆为大理石材质，花纹自带装饰效果，提升空间品质（案例由清和一舍提供）

☞ 第四是提高出门效率的设计。

先问一个问题：你一般洗完脸都去哪里护肤化妆？其实这个问题没有标准答案，大家根据自己的生活动线来规划化妆品的收纳空间即可。

① 动线：洗脸→护肤→化妆→回到房间换衣服→出门。

按照这个动线，卫生间可以安装一个可收纳储物镜，在卫生间就可以完成妆容部分。

将洗手池从卫生间中独立出来，右侧是卫生间，左侧是玄关

② 动线：洗脸→回卧室护肤化妆→衣柜区换衣服→换鞋出门。

如果按照这种动线，化妆品收纳区就要规划设计在卧室里。

这个玄关使用了洞洞板，可以根据使用情况放置物品

③动线：照镜子→拿包→拿钥匙→穿鞋→出门。

一个多功能玄关柜就可以解决这条动线的所有问题。

☞第五是提高整理效率的设计。

① **为未来收纳预留空间。**

  住的时间久了，你会发现家里储物空间太少了。在进行家居收纳时，要做到分寸必争，不仅要考虑置物所需，还要考虑未来收纳的"空白"与"可能性"，提前为以后的物品收纳预留出空间，这样家才不会越住越小、越住越乱。比如家中未来会有宝宝、二宝、老人等家庭成员，这就需要根据自家情况，合理规划更多的储物空间，以便收纳未来更多的新物品。比如，你会发现，一个鞋柜根本不够用，所以常用的鞋子放鞋柜，不常用的要在房间里另规划一个大容量收纳区。另外，小孩子的衣服和玩具其实比你想象的要多。

② **各归其位，找东西更方便。**

  东西总是找不到？忘记放哪了？
这其实就是储物空间没有做好的结
果。"各归其位"的收纳原则这时就
显示出它的重要性了。

有了这样的衣帽间，衣物收纳不再烦恼
（案例由里白空间设计提供）

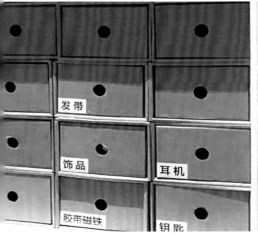

玄关处的鞋柜，用统一样式的鞋盒收纳鞋子（案例由清和一舍提供）

此外，小户型要统一收纳色彩，空间才不会显得凌乱。比如，衣柜里用统一尺寸、统一颜色的抽屉篮来收纳衣物，橱柜或厨房抽屉里用统一的小盒子来收纳杂物。尽量做到让物品各归其位，整齐划一，让收纳一目了然，明明白白，这样就不会出现家里的东西杂乱无章，收纳工作无从下手的情况了。当然，最好的方法还是定制风格色彩统一的柜子，把物品全都收纳起来。

色彩风格统一的桌椅和柜体，墙面收纳功能十分强大（案例由 Nothing Design 提供）

装修灵感：15 个实用设计

★ 这里总结了 15 个设计，希望大家能从中获得装修灵感。

① **一个柜子两面用。**

我们设计过很多这样的案例，用柜子取代砌墙，一个柜子两面使用，既能实现入户玄关鞋柜，又能让厨房多一组台面，打造最实用的 U 形厨房。我们也遇到过家里没有门厅却想要一个玄关鞋柜的家庭，于是就利用餐边柜的厚度设计了一个鞋柜，一进门就可以打开柜子换鞋，旋转鞋架能让收纳翻倍，很实用。

可以说，空间利用才是全屋定制的精髓和魅力所在。

正面是玄关柜的功能，侧面则是收纳冰箱的橱柜（案例由鹿可可设计提供）

② **房间太小，"偷"点空间做衣柜、书桌。**

次卧或儿童房一般都很小，放完床就没地方放衣柜了，更别提再塞下一个书桌，因此只能做取舍设计。事实上这种情况可以通过巧妙的设计来实现，比如利用延伸设计来"偷空间"，便可以实现一张书桌、一组衣柜，获得更多的使用空间。

卧室衣柜靠近阳台处设计了一个桌面，可以当作梳妆台使用（案例由禄本设计提供）

③ 餐厅小，定制卡座最节省空间。

很多小户型的餐厅都很小，放下一桌四椅后过道会变窄，这时候设计卡座最合适不过了，还可以与其他柜体做连接设计。

④ 橱柜别做满，留一块放菜架。

有一个专门放菜的架子还是挺实用的，但摆在明面上既碍事，又显乱，尤其冬天，囤点大蒜、萝卜、土豆、大白菜，有这么一个"隐藏式收纳空间"还是很实用的。

⑤ 补充台面，再贵也值。

厨房台面总是施展不开？尤其是家里来客人要备菜的时候，盘子总是没地方放。如果你家厨房台面也这么小，可以考虑定制隐藏式伸缩台面。隐藏式台面想做多大都可以，甚至当成餐桌都没问题。

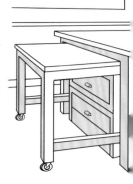

洗手台挪出卫生间后，不但卫生间里空间更宽敞，进门洗手也方便了许多

⑥ 卫生间太小，把洗手台挪到外面试试。

将洗手台挪到外面，其实占不了多少地方，但卫生间会瞬间变得宽敞许多。

⑦ **电视机不一定要安装在客厅的电视墙上。**

在大众的观念中，"标准格局"中的电视机一般都安装在客厅的电视墙上。事实上，并不存在这样的"标准格局"，也没谁规定电视机一定要安装在客厅的一整面墙上。事实上，电视机可以随屋主自己的需要安装在其他空间里，比如可以在卧室或者餐厨空间选一个墙面做成电视墙，也可以打造一个电视柜，一样有收纳电视机的功能。

这个电视墙实际是一个通顶的电视柜，不但收纳了电视机，它的位置选择也很有学问，为空间增添了创意与艺术感（案例由 Nothing Design 提供）

这个电视柜不但收纳了电视机，还成为划分区域的隔断

⑧ **利用高度差，定制一个床边书桌。**

卧室小，书桌塞不下？可以利用床边的空间定制一个书桌，工作的时候坐在床上，将双腿顺势伸进桌子底下，合理利用空间。

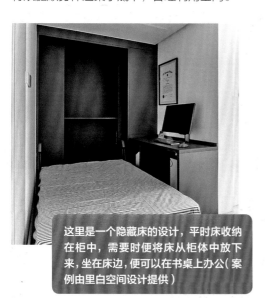

这里是一个隐藏床的设计，平时床收纳在柜中，需要时便将床从柜体中放下来，坐在床边，便可以在书桌上办公（案例由里白空间设计提供）

⑨ **利用全屋定制改变格局。**

很多人以为全屋定制只是做几个储物柜这么简单，其实全屋定制还可以改变房间格局，将空间最大化利用起来。

这是个餐厨一体空间，卡座的设计让空间利用最大化（案例由 Nothing Design 提供）

⑩ 全套定制设计，空间更连贯顺眼。

试想一下，如果下面这个小房间里安放很多零碎的小家具，整体看起来就会很乱，而延伸设计让书桌的台面空间增加了很多，空间也显得很大。

⑪ 在卫生间门口打造衣帽间。

很多主卧带卫生间的户型都有这样的走廊拐角空间，定制两组柜子，刚好将其变成一个衣帽间。其实不只卧室，有走廊的地方都可以这样利用起来。

在从洗手台到卧室的走廊打造了柜体，增强收纳功能（案例由里白空间设计提供）

⑫ 加点灯光，空间显大又轻盈。

有些人担心做太多柜子，会让空间显得压抑，房子显得挤。其实可以通过抬高柜子，在柜子底部加装感应灯光，让空间显得宽敞又轻盈。

白色柜体嵌入整个墙面，底部镂空，已有让空间显得通透的作用，而嵌入的灯带与侧面安装的氛围灯，让空间更加轻盈灵动（案例由深白设计提供）

⑬ 隔出两个空间。

　　如果房间够大，完全可以隔成两个独立的空间，定制地台床可以有效利用每一寸空间，住起来不会觉得拥挤。还可以用一个衣柜，分隔出一间衣帽间。

柜子靠墙打造，侧面墙的门里是一个衣帽间

地台床与柜体、书桌是一体式设计，充分利用了空间（案例由深白设计提供）

⑮ 抬高儿童床，打造一个多变的空间。

　　抬高床后，床下面的空间可以作为孩子的玩具"秘密基地"，也可以放几个抽拉式挂衣杆，变成孩子的小衣柜。外层可以设计书架，打造阅读区。床离地面不宜太高，70～110 cm 为佳，既保障了安全，又不会太压抑。

⑭ 利用错层，增加睡眠区。

　　这种设计比较适合老人和孩子同睡的家庭，二人既不会相互打扰，又能增加亲子陪伴时间。

左图上床的楼梯在侧面；右图上面是床，下面是书桌，外面是书架（图片来自我图网）

柜体设计中需要注意的问题

优秀的柜体设计要注重实用性

★ 全屋定制中最重要的部分可以说就是柜子，因此柜体的设计要非常用心才行。优秀的柜体设计一定是注意实用性的，这样才能给生活带来便捷。

① 优秀的柜体可以弥补户型缺陷。

有一位业主，家门后的空间不大，业主希望能有一个入户玄关柜，于是设计师就设计了一个 17 cm 超薄的顶天立地的柜子，将整个走廊墙面都利用了起来，中间凹位用来放电话、钥匙、小物件，非常好用。

还有一位业主，门厅很小，也没有放鞋柜的地方，但他家一进门就是餐厅，于是设计师利用柜子的厚度，在侧面设计了一个鞋柜，使用起来跟玄关鞋柜一样。其实鞋子并不一定非得要放在鞋柜里，我遇到过一位业主定做了一个电视柜，专门用来收纳鞋子，还挺实用的。如果一进门就是一个大客厅，房内空间一览无余，这样的话可以设计一个玄关柜，用来分隔走廊和内厅两个空间。

电视墙的左侧是一个超大超实用的收纳柜，装得下家中所有鞋子（案例由清和一舍提供）

② **角落空间利用起来，会有意想不到的惊喜。**

　　我们在定制柜子的过程中也会发现惊喜，比如拿到户型图后要先做空间规划，偶尔会碰见一些有意思的户型。我们曾遇到过一个大三居，走廊又长又宽，特别浪费面积，于是我们在走廊的拐角处定制了一组柜子，打造了一个迷你衣帽间。同样还是这家，我们在卫生间门外的走廊也设计了一个衣帽间，相当实用。除了这几处空间可以如此利用之外，走廊尽头的空间也不要浪费，定制一个小柜子可以收纳清扫用具，或者收纳椅子、卫生纸等家居用品。

　　不止走廊，犄角旮旯的地方都不能放过。有墙的地方就可以做柜子，卫生间门口的空间特别浪费面积，不如顺势定制柜子，将其打造成一个开放式衣帽间。

这里在床头墙面的后面（图中左侧未完全显示），利用墙面打造了一个 L 形衣帽间

衣帽间与卫生间相连
（图片来自摄图网）

③ **根据不同家庭的生活方式去设计柜子。**

　　我们接待的客户中，有不少人想在阳台做一个书桌，想有一个属于自己的独立空间，在家办公或打打游戏，不影响家人休息。还有很多家庭倾向于在阳台定制家务柜，洗、晒、收的家务都在阳台完成，不用每天端着一盆又一盆衣服穿梭于卫生间和阳台之间。

可以在阳台上打造卡座、书桌，或安放
洗衣机（左、中、右图片来自我图网）

④ 柜子除了颜值高，还要塞得下柴米油盐才实用。

如果卫生间很小，装不下洗衣机，或厨房很挤放不下冰箱，可以在合适的地方打造一个边柜，装下冰箱、洗衣机、烤箱三大件家电，瓶瓶罐罐也可以塞在里面。

即使不能同时塞下三件家电，也可以塞两件，比如功能动线更接近的冰箱和烤箱就常会放在一起。有时洗衣机也会放在厨房。总之，做这样的柜子设计，要根据空间的情况，也要考虑动线的方便。

左图为设计方案，右图为实景图

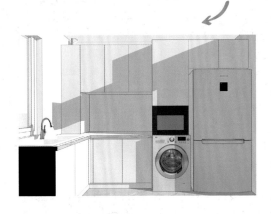

⑤ 优秀的柜子可以改善小户型的居住痛点。

现在小户型挺多的，实际上房子小没关系，好好利用一下空间，一样住得舒心。比如这两位业主家里都用到了侧翻床，平时床收起来，空间或作为书房，或作为其他功能区使用，当有人来做客时，则将床放下，空间便可以作为客房使用。

侧翻床收纳在柜体中（案例由清和一舍提供）

还有一个小户型，设计师利用"时间差"的概念设计了一个两用空间，做饭的时候这里是厨房，不做饭的时候这里就是一个客厅。

⑥ **用心打造的柜子最暖心。**

　　大家对那些人性化的设计可能印象深刻，其实只有用心去设计的空间才最能打动人心。所谓人性化设计，就是要根据业主的生活习惯与需求进行定制设计。

　　这间房子的男业主有 190 cm 高，因此设计师充分考虑了男女业主的身高差异，在柜子上做了合适的功能分区。凹位的上方是男主人存放过季鞋子的区域，由于他的鞋子较少，这部分空间已经够用了。女主人的鞋子较多，存放在凹位旁边的柜门中。凹位则供两人共用，可以用于回家时放钥匙、衣服、包等。

屋主所展示的是凹位右侧的柜体部分，收纳的是女主人的鞋子

　　好的柜体设计并不要求多么华丽时尚，但一定要满足生活所需。家不仅是身体歇息的居所，更是精神的归属，值得我们用心去打造一个属于自己的理想空间。

极简好看的柜体要怎样设计？

★ 极简风的柜子如今越来越受欢迎，因为这种风格抛弃了炫耀式的花里胡哨的装饰，更注重内心的真实需求和舒适的居住体验感。但怎样才能设计出极简好看的柜体呢？这里总结几点要素。

① 抛弃零碎的家具，定制大面积的整体家具。

我见过很多这样的家庭，明明想要极简风格，却买了一堆零碎的小家具回来，最终与自己喜欢的风格渐行渐远。

极简主义风格要尽量减少装饰，别做吊顶、踢脚线，多装灯，把不必要的隔断打通。多用连贯的线条。还有一点很关键：家具要少而精，尽量定制大面积的整体家具。

如果家里客厅面积不算小，我们一般都会建议客户做顶天立地的功能性电视柜，一来可以增加家里的储物空间，二来这种柜子具有墙面效果，看起来很薄，空荡荡的客厅会更得显大。小家具则要精简，气质风格也要与定制家具相适和。

电视墙是一整面有设计感的柜体，能让客厅显得很高级（案例由牧蓝空间设计提供）

② 让"纸片柜"充当墙面。

要想柜子看起来轻盈、不压抑，就一定要做成嵌入式的，看起来像一堵墙，打开又有储物功能。顶天立地的嵌入式柜子能将全家杂物都收入囊中，让空间看起来空无一物，整洁舒适。因此要利用一切可以利用的空间，比如玄关、走廊、走廊尽头等。另外，柜子也可以用来分隔空间。

③ **品质是极简风格的灵魂。**

有些房子看起来家具很少，却从骨子里透露出一种精致感。置身其中，有一种高品质的家居体验感。

很多人以为设计柜子很简单，其实不然。设计柜了也是一门艺术，要兼顾简约主义和功能创造，要基于非常复杂和精确的数据测算，尺寸比例偏差、材质偏差、色彩偏差等，都会让柜子看起来不够精美，甚至看起来很廉价。

除了设计，还要关注封边细节，板材的封边好坏直接决定家具的品质和使用寿命，有些国产板用不了几年就掉皮、开裂、变形，通常就是因为封边技术不过关。如果想要品质感的家具，建议大家选择优质爱格板，板材封边工艺先进，家具封边细腻，能保证 30 年不开裂、不变形。

④ **色彩要统一，不能超过 3 种主色调。**

一些客户家虽然也定制了大面积的柜子，但看起来依然很乱，通常就是因为色彩出错了。比如定制了一个浅木纹柜子，地板却用了蜂蜡色，很不协调。建议大家木地板多以浅色系大板无缝直拼为主，装修空间更容易出彩。极简风格通常以白、灰、木色为主，整个房间不能超过 3 种主色调，黑色、木纹、彩色等作为点缀色出现。

木色 + 白色的极简风格
（案例由清和一舍提供）

还有些客户家只有木地板和白色柜子，看起来很单调，缺乏设计感，其实是缺少一些情绪色点缀。情绪色不需要太多，可选一种反复出现，就很容易令空间出彩。

电视柜和右侧墙壁使用了同一种蓝色，形成呼应（案例由波形设计提供）

⑤ **极简主义更注重功能性。**

极简风格的设计语言多为流动性和连续性，更注重空间的利用和功能性。比如利用阳台打造工作区，整个空间布局流畅，整体性强，这样的连接式布局会让人觉得很舒适。

进门处有玄关与餐厨功能，隔一面墙为洗手台（案例由 WED 中熙设计提供）

玄关柜与换鞋凳是一体式设计，充分利用了空间（案例由清和一舍提供）

入户玄关柜嵌在入户墙的凹位处，收纳功能十分强大，可以说是充分利用了空间，而黑色的台子则可以充当换鞋凳。

⑥ **注重收纳，保持房间东西少而精。**

我并不提倡断舍离，但东西一定要有专门的收纳空间。如果家里有孩子，老人也会来常住，那么一排巨大的起居收纳柜，就是非常必要和重要的。收纳柜不一定就是衣柜，可以是电视柜、走廊柜、书房柜、玄关柜、餐边柜等。家里整洁与否，就看你家有多少装杂物的收纳柜了。

一整面墙的收纳柜，
收纳空间多到用不完

总之，极简风格看似简单，实则非常考验设计师的审美。但只要家里的定制家具设计对了，总体风格基调就确定了80%，剩下的就看你的软装搭配功力了。

那么装修中柜子要什么时候做呢？遇到很多业主，家里都装修完了才来找我们，这样在规划设计的过程中就会有很多局限；比如要拆踢脚线和插座，甚至有些水电都做好了，要想安装柜内灯的话就很难实现。因此硬装之前就要规划好储物柜的位置，以免柜子因插座、开关、天花板、踢脚线等问题导致安装困难。安装柜子的地方不要安装插座和踢脚线，天花板不要做一般的石膏线，如果想要做嵌入式灯带的话，那么要提前预留电线。

攻略篇

重点

全屋定制中的卧室

全屋定制中的客厅

全屋定制中的厨房

全屋定制中的书房

全屋定制中的飘窗和儿童房

在卧室定制榻榻米的优点及要点

　　现在很多人在装修时选择在卧室定制榻榻米。榻榻米真那么好用吗？什么情况下，建议定制榻榻米呢？这要看你想解决什么问题了，比如：房间小，摆不下很多家具，需要加强空间利用；房间除了放置衣柜和床，还需要解决工作、化妆、阅读、衣帽间等功能需求；一间房，需解决多人就寝的问题；一居改两居，或者两居变三居等。这些问题是一张床和床垫解决不了的，需要合理地规划空间，根据需求来量身定制。

　　但在安装榻榻米之前，还是要弄清楚你对榻榻米的功能需求和期望，再依照自家生活方式和收纳空间的宽裕与否来决定是否要定制榻榻米。

① **房间不够睡，想再加一间房。**

　　有时三室一厅也会存在不够住的问题，更何况小户型。如果想要增加一个卧室，榻榻米无疑是最好的选择。利用家里的"剩余空间"，加一组榻榻米，哪怕 3 m² 也足以睡 2 个成年人了。这种榻榻米可根据空间大小来设计尺寸，款式不局限于传统形式，可以根据需要收纳的物品和喜爱的方式来设计，比如将一部分做成展示格来使用。

② 卧室除了衣柜和床，还想要实现更多功能。

　　儿童房其实最适合打造地台床，为什么？因为儿童房一般都不大，却是需要很多功能区的地方。衣柜、床、书桌、书架这些都是成长性儿童房的刚需标配，为了空间利用紧凑合理，连接式榻榻米房可以让房间五脏俱全，宽敞有余。这种格局很早就被广泛用于家庭装修，只不过现在我们可以通过全屋定制的方式将其做得更有设计感，风格更符合当下年轻人的审美。

　　小卧室虽然空间有限，但是如果利用得当，可以得到双重空间的使用效果。床、床头柜、书桌巧妙地连接在一起，空间布局合理。我们有一个客户家里的卧室只有 2.4 m 宽，我们依照此格局做了功能分区，衣柜宽 1.5 m，书桌和书架宽 0.9 m，实际用起来还蛮舒服的。

左侧是书桌，右侧是衣柜，中间还有一个小凹位，可以放一些小物件

　　另外，使用连接式设计能够更节省空间，家具风格也更统一。我们曾在一个 13 m² 的小卧室里打造了榻榻米床、茶桌、飘窗和书桌等，其实就是利用了连接式设计。连接式设计可以做到空间极致利用，非常适合小户型。

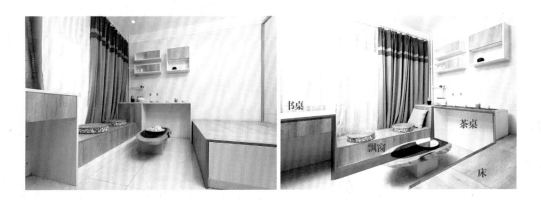

③ 一间卧室，容纳多人就寝。

　　这种情况是刚需，如果家里是两居室，就面临老人和孩子睡一间的问题；如果生了二胎，一张床显然不够睡。

　　对此，可以使用超大榻榻米，三个娃滚着睡都绰绰有余，还可以一张地台使用两个床垫。另外，还可以两张地台床错开摆放。

超大榻榻米上安放了两个床垫（案例由禄本设计提供）

上层床还向榻榻米一侧打造了一个滑梯（图片来自我图网）

　　榻榻米最大的好处就是可以根据房间格局量身定制，不仅可以实现楼梯式上下床，还能挤出一个工作区。由于它收纳功能强大，占地面积小，可以实现一房多用，而且对户型也没什么限制，因此颇受追捧。

★ 榻榻米确实比较实用，但也有缺陷。因为床挨着窗户，所以会让人在休息时缺乏安全感。如果窗户比较大，靠窗漏风，而人在睡觉时是身体抵抗力最弱的时候，容易感冒或引发其他病症。这个问题要如何解决呢？如果户型受限，刚好你又很喜欢这种格局，要怎么设计呢？

① 降低重心设计。

降低重心的地台床会远低于窗户高度，无论是老人还是小孩，都比较适合。而且这种随地而坐的设计，给人一种亲切、踏实、温暖的感觉。

在榻榻米靠窗一侧定制了隔板，避免风直吹进来（图片来自摄图网）

② 在床与窗户之间设计一张书桌。

　　有这样一个案例,设计师在窗边设计了书桌,书桌下方是镂空的,人坐在床上,腿伸到桌子底下便可以办公学习,恰好打破了邻窗格局。

③ 180° 调转方位。

　　现在有些无良商家丝毫不考虑真正住进去的人的真实感受,千篇一律都是临窗格局设计。其实,如果换一个角度,将书桌靠近窗户,让睡眠区只占一个角落,两面靠墙,就会给人以满满的安全感。

靠窗设计了收纳柜和书桌,床则靠墙放置,与书桌平行(图片来自我图网)

让书桌靠窗,床头避开窗户(案例由如壹设计提供)

事实上书桌本就应该放在视野很好的地方。临窗办公或学习，不但光线充足，视野也很开阔。而将床靠近实体墙则更有助于睡眠。

临窗处采光好，是办公的最佳地点（图片来自我图网）

书桌与书柜为一体式设计，书柜分布于窗户两侧（案例由清和一舍提供）

★ 那么，设计安装榻榻米的过程是怎样的呢？需要注意些什么问题？我们曾经为一位业主做了含榻榻米的全屋定制，这里以此案例为例，讲解一下榻榻米的安装。

① 了解居住需求，精准测量并绘制效果图。

一居改三居的想法是屋主提出的，因为家里有四口人，需要三个独立的卧室。于是，我们在拿到户型图后进行空间设计规划，根据整屋测量的结果，我们设计了户型改造布局图。具体的设计是，用柜子隔出独立的空间，定制了两个独立的榻榻米房间，特别是在一进门的位置，设计了一个独立的榻榻米老人房。

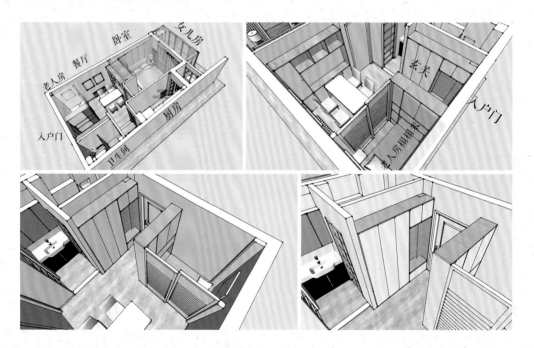

② 工厂定做。

一般定做周期为 25 天左右，需要给工厂提供制作工艺单。我们收到的货都是全实木包装，经过层层质检的，为了避免运输过程中发生磕碰，每块板材都是硬纸盒独立精装。

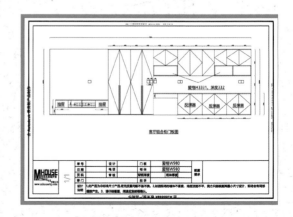

③ 入户安装。

从设计到上门安装大概一个多月的时间，在这之前需反复确认几个问题：一是插座位置是否会阻挡定制柜（最好先规划定制柜的位置，再规划插座位置）；二是查看是否需要包管，工人可以现场制作；三是玄关需要灯带的话，要事先预留电线；四是榻榻米安装前要检查地面是否平整，以及墙面水平垂直度。

榻榻米是三分产品，七分安装。经常在网上看到有屋主说柜子用几天就抽屉坏了、门板掉了，这其实就是安装不到位的结果。为了保证安装零误差，我们的设计师会亲自上门监理，安装师傅会严格按照设计师提供的图纸来安装，一个榻榻米基本半天时间就能装完。

安装的时候要先搭出榻榻米房的整体框架，并在安装期间不断调整水平线，要保证分毫不差。

④ 入住效果。

居住这间榻榻米房的老人身高 155 cm 左右，衣柜底部留空，可以放脚，保证了榻榻米 190 cm 长的舒适尺寸，并且巧妙地利用柜子的凹凸结构，同时设计了玄关和榻榻米衣柜。拉上推拉门，这里就是一个独立的私密空间。别看房间小，床头还设计了一个迷你床头柜，可以放茶杯和手机。榻榻米下面全是储物空间，收纳力相当于一个大衣柜，抽屉用来放老人平时的衣物。

另一间是儿童榻榻米房，很多人会担心榻榻米太硬不舒服，其实这种新式榻榻米搭配一个厚 5 cm 以上的棕垫或乳胶垫使用，舒适效果跟普通床无差别。

虽然如此，但仍有些人排斥榻榻米，认为榻榻米防潮性差、睡觉太硬太硌。其实这是对榻榻米的误解，现在的榻榻米也叫地台床，不再是过去实木定制上面铺草席那种，防潮性差，湿气重。现在的榻榻米结构跟普通箱式床一样。

应该说，决定床的舒适度的不是床而是床垫。定制地台床，一定要配一张好床垫，地台床解决了家里空间利用和储物收纳的问题，剩下的就应该把钱花在挑选一张舒适的床垫上，这是对自己未来几十年睡眠最好的投资之一。一张好床垫的标准是：软而不塌，硬而不僵，对脊椎有良好的支撑力、贴合度，透气性好，且翻身静音。选床垫看再多的干货也不如到实体店亲自体验购买，如果躺上去就有想睡觉的踏实感，那就应该是适合你的床垫了。

地台床上搭配一张好床垫，躺上去非常舒适（案例由 WED 中熙设计提供）

提升卧室幸福感的设计

① **改变卧室格局，开启一种新的生活方式。**

卧室完全可以打破传统的床、床头柜以及衣柜的格局，呈现一种更新颖的样貌，更贴合年轻人想拥有的生活方式。

设想一下，每天早晨伴着临窗的自然光醒来，走下台阶来到化妆镜前整理容颜，转身就是衣帽间，里面陈列了当季的新款服装，这是件多么幸福的事情。只要卧室有 20 m^2，就可以定制实现这样一个梦。

如果卧室不足 20 m^2，还有一种方式可以实现类似的衣帽间格局，即抛弃传统衣柜，然后定制一扇推拉门，刚好可以打造一个简易衣帽间。

拍摄的一侧是书桌，床在其对面

如果卧室足够宽，衣柜可以设计在床对面，而在原衣柜的位置隔出一个换衣或化妆空间，然后在衣柜的一侧设置一个办公桌，也是不错的空间格局。

② **从色彩上营造幸福感。**

　　卧室最好不要用暗黑色系，时间久了会产生莫名的压抑感，而浅色系给人轻松明亮、十分清爽的感觉，在自然光线下让室内环境显得更加美好。这时候起到关键作用的就是软装：靠垫、毯子、四件套、挂画等。建议硬装和家具都选用基础色系，这样后期可以自由更换软装颜色，更换心情。

床品色彩最好与空间风格相协调，然后再搭配一些带有跳色的物品，让空间显得更活泼

③ **用灯光营造氛围。**

　　灯光可以说是一个较为灵活且富有趣味的设计元素，可以成为气氛的催化剂，作为空间中的焦点吸引人的注意力，也能增强现有装潢的层次感。

柜体镂空部分内嵌了灯带，床头柜上则有台灯照明（案例由Nothing Design 提供）

④ 卧室越小，幸福指数越高。

　　有一点切记，卧室宜小不宜大。我们装修过很多别墅，也都建议把人卧房设计成套间。小卧室会比大卧室更能给人安全感。从健康角度来讲，卧室也宜小不宜大，小空间的幸福指数更高。

　　《梦想改造家》里有一句业主的话让我印象深刻，他看到被设计师改造后的房间感慨道："这么棒的房间，给我大别墅我都不换。"当空间利用得当、房间布置得温馨舒服的时候，小房子的幸福指数反而更高。这就是很多榻榻米空间虽然很小，但是睡在里面却让人感到意外惬意舒适的原因。

这个空间只装了一张床，两面靠墙，睡起来十分安心。床头的柜体做了氛围照明，让房间显得很温馨（案例由Nothing Design 提供）

　　"麻雀虽小，五脏俱全"，小空间实现大空间功能的惊喜，也能给人意外的幸福感。

⑤ **高品质的居家体验带来幸福感。**

每天打开衣柜拿取衣物时，衣柜里人性化的功能分区、精致的板材细节和五金拉手、静音顺滑的阻尼抽屉、智能亮起的灯光等，都在无形中提高了生活品质和幸福指数。

拥有一个专门为自己量身定制的私人衣柜，每天与之亲密接触，合理的空间收纳规划可以大大缩短出门前的准备时间，也是一件令人感觉幸福的事情。

定制的衣柜按照屋主的需求进行设计，收纳功能非常强大，且拿取十分方便（案例由清和一舍提供）

全屋定制中的客厅

小户型客厅的最大化利用

★ 我经常会遇到一些北京的老房子，没有餐厅，一张餐桌占去客厅大半面积。还有一些小户型，厨房、餐厅面积小到放不下冰箱，冰箱只能塞在客厅，然后客厅总是处于拥挤状态。可见，越是小户型，越需要空间利用。那么，小户型客厅要怎样最大化利用空间呢？

① 模糊小户型的空间界限，住起来会更舒服。

过去客厅用来接待客人，所以叫客厅，如果从家人生活角度考虑，称为起居室更贴切。另外，在我们的传统观念中，客厅就是客厅，餐厅就是餐厅，是两个独立的空间。其实完全可以打破空间的界限，打造一个不分客厅和餐厅的一体化起居室。尤其现在的年轻人不拘泥于传统刻板的空间格局，更注重享受当下的生活状态，模糊空间界限可以最大化利用空间，生活更便捷。

没有空间界限的设计还可以实现中西厨并存。试想，你在这里制作美食，家人坐在对面的沙发上与你聊天，岁月静好，其乐融融。

② **小户型客厅门太多，空间被切割得太零碎。**

　　之前有一位业主找我们定制柜子，去了之后发现他家里几乎没有一面整墙，客厅的三面墙都有门，墙面被切割得很零碎，空间浪费严重。这种"千洞户型"，如果不调整户型和动线，别说定制柜子，沙发和电视柜都没地方摆。对此，我们的改造方案是安装隐形门，在视觉上实现一整面墙，让空间变得方正起来。

　　当然，定制家具的时候还要调整门洞的位置，留出安装定制家具的空间，并采用与墙面同色的隐形门增加空间的完整性。隐形门并不难做，找厂家定制即可。

空间使用了两个隐形门，且门并没有与墙面完全平齐，这样既让空间更加完整，又避免了整面墙显得呆板（案例由深白设计提供）

③ **电视墙很窄，没地方放电视机。**

　　有的户型有这样的尴尬，由于厨房是开放式的，导致客厅电视墙变窄。

　　遇到这种情况，可以定制一面迷你电视柜，将电视机嵌入柜中，或者在一侧墙面定制电视柜，将电视机嵌入其中，这样整个空间看起来毫无违和感，也化解了电视墙很窄的尴尬。

这个电视墙位置的选择非常独到，设计师将更宽的墙面留给了沙发和收纳柜，而在这里安装电视机，充分利用了空间（案例由如壹设计提供）

④ 卡座代替沙发，再小的房子也能变出一个客厅。

有些业主家户型很小，但又特别想要一个客厅。这种情况，建议定制卡座沙发，可以大大节省空间，小户型也能打造出其乐融融的公共活动区域。

这个一体柜既收纳了冰箱，还设计了卡座，此外，对面的墙还有两扇隐形门和一个隐形的玄关柜，功能强大，外观也美（案例由波形设计提供）

⑤ 一面墙的柜子，解决家里80%的收纳问题。

小户型的储物空间捉襟见肘。其实柜子不仅可以用来收纳衣服、杂物，家里的一切都可以装到柜子里。另外，小户型因为没有大阳台、大厨房和大卫生间，所以也可以将洗衣机收到柜子里，但需要提前规划好水电。

⑥ 合理规划空间，让客厅多出一间房。

　　没有人规定沙发一定要靠墙放，有时候沙发位置可以靠前一些，背后空间用于打造其他功能区域，比如以书桌为主的工作区，或者让沙发背靠吧台。

沙发背靠吧台，后面是一个开放式餐厨区，整体是一个客餐厨一体空间（案例由 Nothing Design 提供）

⑦ 从客餐厅一侧墙面延伸出一个餐桌。

　　其实一桌四椅并不会占用太大面积，只要合理规划空间，再小的房子也能实现动线舒服的空间布局。

客厅设计需要注意的问题

★ 总结 7 点设计技巧，客厅装修少走弯路。

① 沙发要根据空间情况选购。

经常看到很多家庭，装修时买了一个超大的拐角沙发，占去了小客厅的大半空间，显得空间拥挤不说，还毫无设计感和空间美感可言。因此，如果客厅不是很大，家具还是尽量选择体量小和低矮的，尽可能地释放空间。如果怕不够坐，可以选择多个沙发椅围坐的格局，再根据空间大小来适当增加沙发位。客厅够宽的情况下，也可以尝试摆放三人位和两人位沙发，打造围坐的家庭氛围，即便是小户型也能营造出大宅气场。

这个空间有一个拐角，适合摆放拐角式沙发，且沙发选择的是低矮无扶手的款式，显得简约高级（案例由里白空间设计提供）

除了沙发，茶几也是客厅的颜值担当。不要执念于购买传统笨重的长方形大茶几，尽量选择体型较小，有造型设计感的圆几或椭圆形茶几。细腿茶几显得轻盈，也能让光线在空间自然穿梭流动。

客厅中使用的圆几不但造型活泼，色彩也很亮眼，成为空间中的跳色，配合白色有设计感的坐椅，让空间显得很有艺术感（案例由牧蓝空间设计提供）

② 沙发不靠墙，空间布局更灵活。

如果沙发不靠墙，那么沙发后面的空间就可以利用起来，比如打造餐厅、学习区、开放式厨房、儿童玩乐区等。

③ 将阳台纳入客厅，客厅变大一倍。

打通客厅与阳台，既增加了客厅的使用面积，又保证了足够的采光，家居布局上要尽量简洁，以使整体空间通透大气。将餐厅安置于阳台，不仅节省了客厅的空间，而且在光线最好的地方吃早餐也不失为一种享受，可以提高居家幸福感。

落地窗上悬挂着通高的白色纱帘，右侧是一面用玻璃砖打造的墙面，整体空间采光良好，十分通透，再搭配一把有格调的座椅，很有艺术气息（案例由禄本设计提供）

④ 围坐格局让户型显大，增强家人之间的情感交流。

围坐格局一般出现在别墅或大宅中，如果小户型合理大胆地借鉴这种格局，也能营造出大宅氛围，围坐格局还能增进家人间的互动和交流。

那普通小户型适合这种格局吗？其实只要选择大小合适的沙发，就可以实现围坐格局。满墙的书架下，沙发相对而放，可以打造一个供人阅读的起居室空间。

这是一个艺术装饰（Art Deco）风格的客厅，左侧是满墙书架，除了玻璃桌面的圆几外，沙发和单椅旁边各自放了小茶几，可以摆放茶或者书（案例由清和一舍提供）

⑤ 电视墙换个方位，空间更有趣。

　　有些房子的户型常常让我们觉得特别有趣，其实改造时户型本身没什么变动，但是改变方位布局后，空间感产生了变化。事实上，如果千篇一律都是沙发对着电视背景墙的传统格局，就会过于乏味无趣。如果把电视墙换个方位，就可以打造出有趣的空间。

卧室中打造了一面电视墙（图片来自我图网）

将电视机安装在中岛上，客餐厨一体空间使用更方便(案例由会筑设计提供)

⑥ 越小的户型，越需要开放式空间。

　　一个大户型如果被分隔成很多小房间，那么身处其中的人会很难感受到这是一个大房子；而小户型经过合理的空间规划，会让房子看起来一点儿也不小。可见格局规划真的很重要，因为不通透的空间给人的感觉是"堵"，缺乏大房子的气场。

　　左下图的房间利用开放式格局，将餐厨、客厅集中于一室，空间被放大了一倍。右下图厨房的墙被打通后，客厅立刻前所未有地明亮起来，白色作为整个空间的主色调，无形中扩大了视觉感受。

左图是在吧台的角度看向客厅，吧台的后面是开放式厨房；右图的厨房右边是一个阳台，被打造成西厨（案例由里白空间设计提供）

⑦ **巧用定制家具，提高空间气场和格调。**

　　现在越来越多的年轻人喜欢极简风格或轻奢北欧风格，并开始尝试通过定制家具来提升整体空间格调，同时又增加了储物空间。比如黑白配色的电视柜，浑然一体的电视背景墙；艺术灯光渲染的书柜，赋予空间满满的高级感；还有提高生活质感的大岛台等。

轻奢风格的餐厨，黑白配色的岛台，加上金属座椅，高级感迎面而来（案例由深白设计提供）

　　还有人会问，家里柜子这么多，会不会让人感觉压抑？我们在工作过程中，经常有业主会担心这个问题。其实这种情况一般是因为柜子做得太厚，或者柜子没有做隐藏设计，直愣愣地伫立在房间里，在视觉上当然会显得很拥堵。当柜子隐藏了厚度，就会有"纸片式"的单薄感，在视觉上自然不会产生压抑感。

电视柜内嵌进电视墙，又做了部分开放格，墙面不会让人产生丝毫压迫感（案例由深白设计提供）

全屋定制中的厨房

在厨房打造橱柜的要点

橱柜一定要根据自己的生活需要和生活习惯量身打造，后期使用起来才能得心应手。好用的橱柜是精心设计出来的。

那橱柜怎么设计才好用呢？好用的橱柜，台面都做了合理分区。何为台面分区？就是要按照洗（水槽）—切（台面）—炒（灶台）这样的顺序排列，可以是顺时针，也可以是逆时针。以上分区是最基本的，但是即便家里做了这样的分区，做饭的时候还是会遇到很多问题，比如：洗完菜，没有多余的台面放菜，放在洗菜池边上总感觉随时要掉下去；准备的菜超过 3 个时，台面就不够用；炒完菜，熟菜没地方搁；炒菜需要换锅的时候，锅没地方放，只能暂时搬到地上。

★ 因此，在空间充裕的情况，建议做更人性化的台面设计，按照择菜（台面）—洗（水槽）—切（台面）—备菜区（台面）—炒（灶台）—熟菜区（台面）的顺序安排，使用起来会更方便。

☞ 那怎么分配台面尺寸呢

① 洗菜区节省台面。

安装一个长 600 mm 的单槽洗菜盆就足够使用了，800 mm 或 900 mm 长的双盆利用率并不高，还浪费空间，而单盆能最大限度地节省台面空间。

② 切菜区要尽量大。

切菜区要至少长 500 mm，空间越大越好，越大，做饭时越能施展得开。切菜区与备菜区加一起至少长 750 mm 时，用起来才不会觉得局促。

橱柜超长台面，无论备菜还是切菜都不会觉得局促（案例由如壹设计提供）

③ 灶台两边要留出足够的空间。

炒好菜，需要有一个空间来放盘子盛菜，也需要一个空间来临时放锅具，所以灶台不能设计在最边缘处，周围要留足空间，使用起来才方便。备菜区和熟菜区加一起至少要长 450 mm 才够用。

④ 台面预留小家电区。

如果空间富裕，要预留一整块小家电区，至少长 700 mm，用来放生活中使用频率高的三个刚需电器：热水壶、电饭锅、暖水壶。如果空间有限的话，此区域可与备菜区或熟菜区重合。

橱柜其实没必要全部做成上下吊柜，可以利用 60 cm 的宽度设计一个高柜，用来收纳烤箱、微波炉及小家电，使用起来很方便。

总结一下台面尺寸：洗菜池至少长 600 mm，切菜区至少长 500 mm，备菜区至少长 450 mm，灶台至少长 800 mm，熟菜区至少长 450 mm，小家电区至少长 700 mm（可与备菜区或熟菜区重合）。当然，数据只是参考建议，可根据自己的生活习惯，合理优化尺寸。

除了以上台面的尺寸，我建议洗菜区台面要高一些，炒菜区台面要矮一些。因为如果台面是统一高度，水槽本身就是凹陷的，我们通常要弯着腰洗菜。而灶台之上再放一个炒锅，增加高度，我们炒菜时就得抬着胳膊。所以，比较人性化的设计是做高低台面，高度相差 10 cm 左右为佳。

高低台面现在在美观上已不成问题，但特别考验安装师傅的黏接工艺，安装不到位极易留下卫生死角。一般我们都会采用无缝拼接技术处理，让石材完美过渡。

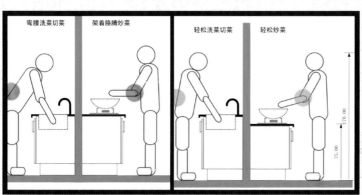

☞ 橱柜高度多少合适呢 ❓

身材高大的人与身材娇小的人，在厨房的操作高度当然不同，有一个粗略的计算公式：台面操作高度（mm）= 身高（mm）÷ 2 + 50 mm。还可以用肘高（cm）减去 10 ~ 15 cm。我们在设计过程中发现，按后者计算定制的橱柜高度会更精准，使用起来也更为舒适。也就是说，适宜的切菜备菜高度在手肘下方 10 ~ 15 cm 处。肘高不同的人，适用的台面高度也是不同的。

台面高度：肘高减去 10 ~ 15 cm

☞ 吊柜高度多少合适呢❓

我倒是建议大家吊柜不用做成统一的尺寸，更不要死记硬背尺寸，灵活的分区设计使用起来更人性化。比如，洗菜池上方的吊柜可以设计得矮一些，台上高度 30 cm 处拿取物品最方便；吊柜下面可以设计格架，用来收纳杯子。炒菜区上方的吊柜建议距离台面 50 cm，这样不容易撞头，拿取东西也方便。此外还可以将橱柜设计得上窄下宽，常规设计是下面地柜深度 600 ~ 700 mm，上面吊柜深度 300 ~ 350 mm。

炒菜区的吊柜都特意设计得更高一些，且比地柜窄，防止磕碰，也方便安装吸油烟机

☞ 橱柜材质怎么选❓

现在市面上 90% 的橱柜柜体采用的是实木颗粒板，经过行业多年验证，实木颗粒板各方面性能最稳定，最适合做橱柜。其实，选橱柜时最大的区别就是门板，这也是很多人犹豫不决的地方，因为不同门板价格相差甚远，环保性能也差很多。

① 吸塑门板。

一提到吸塑门板，很多人都被它漂亮的造型外观吸引。吸塑门板又称压膜门板，是经过真空高温压膜一体成型的。

它的优点是造型丰富，纹理花样和色彩选择性多；缺点是它的基材实质是密度板，虽然质地较软，适合雕刻做造型，但环保性略差，且经磕碰后表层压膜易脱落，会露出里层的密度板，影响美观。一些简约造型的吸塑门板还比较好打理，但一些凹凸造型纹理较深的门板极容易藏污垢，尤其安装在厨房，三天两头就得清洁一次。

② **实木门板。**

实木门板用在厨房比较少见，一般美式或欧式风格的大宅、别墅的橱柜才会选用。实木门板的优点是高端、大气，手感好；缺点是价格昂贵，防火、防水性能差，空气干燥时容易变形开裂。木材本身环保性很好，但经过刷漆和烤漆后容易造成二次污染，影响环保性能。

③ **烤漆门板。**

烤漆门板较贵，主要是贵在工艺上。它是在高密度板基材上喷上若干层油漆，经高温烘烤定型而成，对油漆要求较高，显色性好，但容易废料。烤漆门板能凸显档次，质感上，烤漆分镜面和亚光。想要房间通透明亮，就用具有反光效果的镜面烤漆；想要低调沉稳简约的质感，就选择亚光烤漆。

它的优点是防水、防尘、抗油污、好打理，且表面光洁度好，色泽细腻，美观漂亮，在视觉上比较有冲击力；缺点是相对怕磕碰和划痕，一旦损坏，修补也比较难，需要呵护和保养。

通常，白色和灰色系列烤漆橱柜卖得比较好，因为色彩百搭，造型简约，也不易过时。如果你对品质感有一定的追求，建议定制烤漆橱柜。

橱柜门板选用好的材质和轻快的色彩，让空间更显通透与品位（左图案例由 WED 中熙设计提供，右图案例由牧蓝空间设计提供）

④ **双饰面门板。**

双饰面门板其实就是实木颗粒板（刨花板），只不过两面都做了饰面，所以叫双饰面。

它的优点是环保性好，不必上漆，可减少二次污染，且色彩选择多，仿木纹、仿石材、仿布面等效果逼真，适合各种风格，性价比较高；缺点是不能雕刻造型，只能做直板，造型单一。如果预算不高，可以选择双饰面门板。

最后谈一下厨房台面怎么选。常见的厨房台面材质有大理石、人造石、石英石、不锈钢、纯实木、岩板六种，性价比和实用性最好的是石英石。很多家庭首选石英石台面，但石英石很容易买到假货。如果用一段时间后台面发黄，有油渍渗入，八成就是假的。

☞ 石英石怎么分辨呢❓

网上出招又是火烤，又是拿小刀刮，或滴酱油分辨真假，其实这些都不现实，你不可能去每家店人家都会让你做实验。那么，从以下 4 方面来看基本不会错。

① **比价格。**

石英石市场价为每延米（即延长米，是用于统计或描述不规则的条状或线状工程的工程计量）400 ~ 1000 元不等，一分价钱一分货，如果再低就有可能是假货。虽说假货也是石英石，但里面掺杂了钙粉等劣质材质，密度和硬度有所降低，因此油渍容易渗入。

② **对比侧面横切颗粒。**

真正的石英石颗粒均匀分布,掂一下分量很足;假的石英石则颗粒分布不均,钙粉等杂质明显。

③ **看光泽度。**

自然光照下，好的石英石光泽度好，表面打磨得光滑，有质感。

④ **看厂家的产品检测报告。**

石英石硬度可高达莫氏硬度 7.5，远大于厨房中所使用的刀铲等利器，因此不会被它们刮伤，同时油渍也很难渗入。看检测报告时，看一下产品的硬度是多少，价格往往就是差在这里。

★ 这些年，我们设计安装了上千套橱柜，碰到过各式各样的家庭，也遇到过各种奇形怪状的户型。除了上面所说的要点，再总结几条"好用的厨房设计"小技巧，希望这些问题在大家设计之初就能考虑到位。

① **橱柜设计太过于中规中矩，收纳空间总是不够用。**

解决方案：如果空间富裕，尽可能设计一组高柜。

大部分家庭的橱柜都是一个吊柜、一个地柜的传统形式，如果地柜再塞个洗衣机、电烤箱、洗碗机，就更没有收纳空间了。这是大多数家庭最常见的问题。也就是说，千篇一律的平行式橱柜的实际储物空间非常有限。

其实只需要一小块空间，规划出一组高柜，就可以用来收纳电烤箱、电蒸箱、餐具、小家电等，比较适合那些有烘焙需求的家庭。高柜还可以塞下电冰箱、微波炉等，远比我们想象的要能装。即使不放烤箱，也可以定制高柜，比如规划一个抽拉式缝隙柜，可放下家里所有的瓶瓶罐罐。

根据空间的情况定制柜体，收纳冰箱、微波炉、烤箱等电器（左图案例由禄本设计提供，右图案例由清和一舍提供）

厨房宽度如果超过 3 m，可以考虑做半面墙的高柜，把常用的厨房用品、电烤箱等放到触手可及的中间黄金区域，让做饭变成一件舒服的事情，使用起来不会那么累。也有一些厨房台面比较小，无法设计高柜，那就可以在厨房外延伸出一个餐边柜，同样可以增加储物空间。

在开放式厨房的对面墙上定制了高柜（图片来自摄图网）

② 拿一次碗就要弯一次腰，抽屉规划不合理。

解决方案：使用频率较高的碗和盘子放在可轻松拿取的第一个抽屉。

一日三餐，每天要拿取碗盘好几回，有些橱柜设计非常不人性化，每天都要蹲着或弯腰取物，做完一次家务就会感觉很累。事实上，地柜的第一个抽屉的位置是拿取的黄金区域，伸手即取，毫不费力。但很多人没有好好规划这个区域，或者把这个抽屉设计得太浅，盘子也放不进去。

因此，设计橱柜时不要标准化设计，要有计划地个性化定制，这样后期使用起来才会好用。另外，抽屉深度尽量设计得深一些，可以有更多收纳空间。如果担心抽屉过深会造成空间浪费，可以在碗的收纳区上方增加一层收纳筷子和勺子的薄抽。

③ 厨房太小没地方放冰箱，且冰箱不能离明火太近。

解决方案：冰箱安置在餐边柜区。

即便厨房能放下冰箱，也不建议冰箱离燃气灶等热源太近，因为这样会直接影响冰箱散热，使温控失效而不停地启动压缩机运转，影响冰箱的使用寿命。考虑到散热问题，建议冰箱离柜体至少 10 cm。

既然冰箱这个大家伙放哪里都感觉很堵，不如给冰箱找个家，让它自然地潜入到柜体中。也可以利用拐角空间打造一个冰箱柜，这一区域本来没有玄关，一个两用柜子既实现了鞋柜的功能，又安放了冰箱。

一面是玄关柜，另一面则是厨房橱柜的一部分，收纳了冰箱（案例由鹿可可设计提供）

一个好的橱柜，一定有着好设计与巧妙的储物规划，以及好的材质和工艺，如果不想被坑，还是要自己多花点心思，多了解，多比较。

新潮流：打造中西双厨，提升空间感

我曾经去过一个朋友家，进门不由得感叹"你家好大啊"，后来才知道她家 110 m²，看起来却像 160 m² 的大平层。之所以有这样的效果，是因为她把空间全部打通，增加了一组开放式西厨。这样一来，整个房子显得通透敞亮，空间延伸感也有所增强。

开放式西厨，确实会在视觉上给人一种大宅的感受。

空间本身不大，但是开放式西厨设计令其显得十分通透，无形中放大了空间感（案例由里白空间设计提供）

★ 不知从什么时候开始，很多年轻人开始把厨房装成中西双厨，这俨然已经成为一种趋势。中厨在里，西厨在外，既解决了油烟问题，也实现了开放式厨房的格局。那么，要怎么实现中西厨房呢？

① 一墙分隔中西厨。

橱柜虽然是一体化定制的，但只要用通顶橱柜或隔墙分隔出油烟区与非油烟区，便可轻松拥有开放式厨房。但要注意的是，在硬装阶段就要规划好这样的格局。如果厨房外刚好有一堵墙，也可以这样布局。

厨房外打造了高柜，用于收纳微波炉与烤箱，成为西厨区（案例由禄本设计提供）

② 餐厅改成西厨。

很多人家的餐厅很大，却只放了一桌四椅，空荡荡的，不如变餐厅为西厨。将岛台与餐桌一体化定制，更节省空间，现在越来越多的年轻人都喜欢这样的布局。

岛台与餐桌一体化设计，边上还有个收纳柜（图片来自摄图网）

西厨可以将无处安放的冰箱收纳其中，整个橱柜一直延伸到一组超大收纳柜。西厨的橱柜可以进行个性化设计，家里的杯具、酱料、红酒、零食、小家电等都可以收纳其中，没事煮杯咖啡，也很惬意。

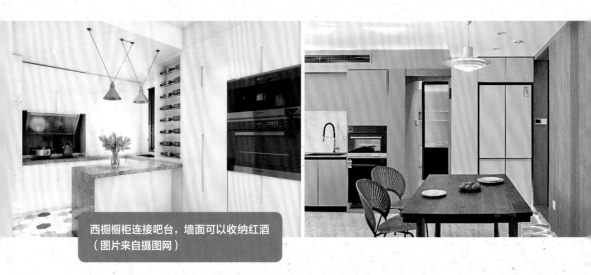

西橱橱柜连接吧台，墙面可以收纳红酒（图片来自摄图网）

也许你担心自家房子太小，无法实现中西厨。其实西厨并不需要很大空间，合理紧凑的布局规划完全能让小户型也有大宅风范。那么，小户型怎么实现中西双厨呢？

要知道不是所有房子都有一个超大餐厅，利用 8 m² 的拐角空间便能实现想要的西厨格局，自己拿不准的话，可以请设计师规划一下空间格局。比如可以利用墙的一侧来打造西厨，不会占用很多面积。还有一种是紧凑型设计，只要厨房外还有富余空间就能实现。

中西厨相连，还设计了一个中岛（图片来自我图网）

厨房的两面墙，一面打造了中厨，一面打造了西厨

有一个案例，设计师在客餐厅设计了一面墙的储物柜，储物空间多到用不完。餐桌与岛台相连，也不占用空间。

中岛与餐桌相连，造型很有设计感，空间以白色为主色调，明亮通透（案例由禄本设计提供）

西厨的收纳橱柜一般进深是 50 ~ 60 cm，空间富余的话，中岛可加宽至 80 ~ 90 cm。如果是设在餐厅区的西厨，注意橱柜的进深不要影响餐厅的使用，如果空间有限，那么就将岛台和餐桌合二为一。还有一种适合小户型的做法是，用餐边柜搭配餐桌，舍弃岛台后在餐桌上制作美食，一样实现了西厨功能。

岛台与餐桌合二为一，转身即可在餐桌上制作美食

在西厨区做饭如今已俨然成为一种生活方式。生活除了柴米油盐，还要学会享受时光，进而更懂得珍惜现在所拥有的一切。

全屋定制中的书房

定制书架，打造家居书屋

有些人打造书架比较直白，要不就不做，一做就一整面墙，而且还是四四方方格子排列式，真正用起来才会发现，想摆的东西放不进去，小书又填充不满，浪费空间，零零碎碎摆在一起也不是很美观。这种满墙的木质书架在什么都不放时的确挺文艺的，但生活不是样板房，总是充满烟火气息。

很多人有一个自己都意识不到的习惯，就是摆完书后，如果空间还有富裕，就会不自觉地堆放很多小物件，比如纸巾盒、摆件、闹钟等，时间久了会越堆越乱。那书架怎么设计才能既好看又实用呢？

① **半藏半露，好看又实用。**

是否将书架设计成开放式的，这是个见仁见智的事情。有些人不喜欢柜门带来的隔阂感，总觉得安了柜门就失去了看书的氛围；而有些人则喜欢干净清爽的柜门书架，觉得开放式书架特别容易积灰。那么，不妨做半藏半露的书架，这样不仅美观，而且可以把常用的书集中在最易拿取的黄金区域，上面和下面的柜子则用来收纳一些不常用的东西。比起满墙的书架，这种柜子与书架的组合形式更有设计感，颜值更高。

在阳台上打造了一面墙柜，离书桌较近的位置是书架部分（案例由里白空间设计提供）

柜体安装了推拉门，可以随需求拉到相应位置，既保留了展示功能，又不会全然开放

② 用推拉门半遮半掩。

想要大书架，又想避免整面书架墙的凌乱感和难清扫的问题，可以使用推拉门，这种"留白"设计也是很高级的设计手法。

③ 好看的书架，也是提高家居颜值的背景墙。

做书架之前，有一个问题需要考虑，做书架的目的只是为了放书，还是想让其作为家里的陈列架？根据不同的需求，有不同的设计形式。比如很多大宅会用书架作为装饰背景墙，同时陈列收藏品，那么就要注重其展示功能。

书架要做得好看，需要注意什么？有几个关键点：一是材质本身的色彩和纹理要自带高级感，这就需要选择好的板材，不然效果会大打折扣；二是注意比例设计，看似简约的柜子，比例设计其实非常严谨，尺寸差一点就变了味道；三是色彩搭配也很考验设计师的美学功力，书架不是孤立个体，要与其他家具及地板颜色统一。

另外，并不是所有家庭的藏书都多到需要一整面墙，除了上面说的组合柜的形式，还可以根据空间特点来打造书架。比如，我们经常会大费周章地去设计隔断，其实书架墙就是最好的隔断，美观又实用。

这个小书架成为划分空间区域的半墙隔断（图片来自摄图网）

见缝插针地设计书桌或工作台

★ 现在很少有年轻人愿意浪费一间房专门当书房，他们更能接受多元化的设计，书桌可以设计在任何地方，能满足办公学习需求即可。

① 见缝插针设计书桌。

这是一个双向的书桌，可以坐在榻榻米上办公，也可以在桌子底下塞一个板凳，拉出来即可面对窗户工作。

② 窗台变书桌。

有不少业主喜欢这样的设计，沿着窗户做一组书柜，把书桌安置在家里光线最好的位置。

③ 书桌与衣柜相连。

虽然是老生常谈，但事实证明，书桌与衣柜相连是非常实用的一种形式。

窗户的左侧是书柜，连接着书桌，右侧是一个半墙的收纳柜（案例由如壹设计提供）

④ 床头柜换成小书桌。

　　其实，卧室可以省去一个床头柜，在床头位置设计一款小书桌，既能办公，还可以当梳妆台使用。450 mm 以上的进深，就能将手臂放到桌面来操作电脑，桌下放腿的空间也足够宽敞。

床与床头柜为一体式设计，在窗边打造了一个书桌（案例由 Nothing Design 提供）

床头墙面连接着一个书桌，后面靠窗处也设计了一个书桌（图片来自我图网）

⑤ 用书桌来分隔两个空间。

　　用书桌充当半个隔断，将空间一分为二，隔而不断，空间延伸感更强。

书桌与餐桌合二为一，前面放置沙发，成为区分空间的软隔断（案例由 Nothing Design 提供）

⑥ 合理利用阳台一角。

我们遇到过很多想要在阳台定制书桌的业主，但苦于阳台进深空间不够而不敢做。其实斜着定制书桌也能满足办公需求，同时也不影响阳台晾晒刚需。

⑦ 连接设计。

我们做了一个这样的设计，从衣柜到书桌再到飘窗，一直连到床头柜，这种连接式设计很好地节省了空间，将空间利用到极致。

阳台有一个斜角，利用这里打造了书桌，背光处是书架，避免阳光直射到书上

我们还设计过这样一个户型，也采用了连接式设计，电视柜、衣柜、书桌、餐边柜连成一体，功能分区明确，满足了业主想要一个办公区和一个游戏区的需求。

⑧ **巧妙安插书桌。**

　　有些儿童房空间很小，摆下床就放不下书桌或衣柜，如果觉得高低床太压抑，可以定制半高床，底部空间抬高后能塞下书桌和衣柜，增加学习空间和储物空间。

> **典型的上床下桌式设计**
> （图片来自我图网）

　　另外，这里特别说一下定制书桌的一些细节。一是书桌最好定制抽屉，可以用来收纳笔记本电脑和电脑周边，非常实用；二是如果使用的是笔记本电脑，插座最好放在书桌上方，如果在底下，每天都要弯腰钻桌底插拔插座，很麻烦；三是现在的定制家具很流行将插座隐藏在柜子里，手机、手表、蓝牙耳机充电，以及小件家电、笔记本电脑用电都很方便。

> **插座无论是要安装在书桌上方，还是安装在柜中，都需要提前做好规划**

　　定制家具特别适用于在家里空间不足的情况下，打造一个自己想要的功能区。全屋定制不仅仅是定制家具这么简单，里面包含了很多空间利用和动线规划的智慧，以便解决居住痛点，住起来更方便。

全屋定制中的飘窗和儿童房

合理利用飘窗，打造舒适空间

　　我们设计过很多需要改造飘窗的户型，有的业主觉得飘窗占地方想砸掉，有的业主想拆了改成储物式飘窗。问题来了，飘窗到底能不能砸呢？答案是，飘窗不是你想砸就能砸，得看你家是内飘窗还是外飘窗。

　　那要怎么区分呢？简单来说，内飘窗处于室内，两边是墙，只有一面是窗；外飘窗是挂在室外的，从室内向室外凸起，呈 L 形、矩形或梯形。内飘窗是可以砸掉的，它是主体建筑完成后用砖块搭成的假飘窗，这种飘窗不起承重作用，砸掉也不会影响房屋承重。但要注意的是，有些飘窗里面全是钢筋，钢筋连着房屋主体，砸掉会影响上下层的承重，影响房屋的安全性，这种千万不能砸。

　　★ **如果不砸飘窗，如何把飘窗合理利用起来呢？我们总结了几个改造方案。**

① **用木材框起来，营造空间意境。**

　　对于许多人来说，飘窗是一个给心灵减压的地方，坐在这里看窗外车水马龙或自然景致，都是一种休憩。我们不妨学习日式设计，用木框将飘窗框起来，同时也将窗外的景色"框"起来，令其犹如空间里的一幅流动的画，坐在这里的人也将自然融入画中，营造意境。

② 铺上软装,打造一个舒适的小沙发。

这种方法很简单,也很常见,全屋定制时可以定制一张舒适的沙发,尽情发挥你的搭配能力就可以了。事实上,如果客厅有个飘窗,就可以少买一座沙发。把客厅的飘窗改造成卡座沙发,人多的时候可以增加客厅的容量。

将飘窗打造成榻榻米,使其与客厅融合在一起,既可以围坐,也可以独自在这里享受阳光(案例由深白设计提供)

③ 将飘窗改成书桌。

飘窗处的光线对于工作台来说是得天独厚的优势。除了工作用的台面,同时可以在书桌旁边安装小书柜或吊柜,用于存放书籍或摆件,无论是存放还是拿取,抬手就能做到,很方便。

但如果将书桌直接架在飘窗上,桌子底下缺少伸腿的空间,会非常难用,利用率很低。我设计过很多这种案例,最实用的做法是将桌子向外延伸 20 ~ 35 cm,这样就能打造出一个舒适的工作空间。

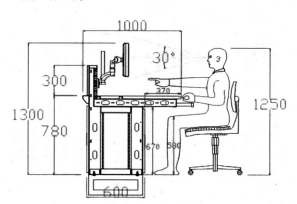

设计师在阳台打造了一个书桌,翻开盖又可变身为一个梳妆台,一桌两用(案例由如壹设计提供)

不过加宽桌面必然会造成空间浪费，也可以利用飘窗的高度，在拐角处打造一个书桌，这样也很实用。或者将书桌直接架在飘窗上，打造一个小书房空间，在这里写写画画会很惬意。或者在这里打造一个茶室也可以。

飘窗拐角是一个书桌，可在这里办公（图片来自摄图网）

设计师在飘窗处打造了一个茶室，在这里品茶小坐，十分惬意（案例由清和一舍提供）

★ 前面是家里户型自带砌砖飘窗的情况，那如果家里没有飘窗，该怎样实现一个飘窗呢？

① 定制飘窗及储物空间。

如果家里本来没有飘窗，但又希望有一个能看书发呆的地方，可以沿着窗户定制一个拥有储物空间和书架的多功能飘窗。

飘窗的右侧打造了半藏半露的柜体，既可收纳，又有展示功能（案例由清和一舍提供）

② **定制飘窗,打造邻窗餐厅或休闲角。**

想要最大化利用飘窗,
打造成餐厅也是一个不错的
办法,不但节省空间,还能
赋予空间双重功能属性。

③ **一体式连接设计。**

想要更大化地利用空间,强烈推荐一体式设计,将飘窗、书桌、床头柜甚至床都集中在一体化设计中,非常节省空间。

衣柜、书桌、床头柜、床连接在一起(图片来自我图网)

一个非常别致的儿童房,为儿童床设计了一个滑梯,滑梯里面有搁板,可以放书(案例由清和一舍提供)

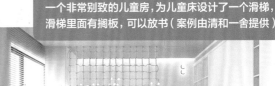

④ **飘窗变床。**

很多人想砸飘窗,往往是因为卧室面积非常局促,这个时候只要把飘窗向室内延伸至 1.5 m 左右,就可以省出一个床位,同时增加收纳空间。若能与飘窗齐平设计榻榻米,使用空间会瞬间变得非常宽敞。其实只要将飘窗宽度延伸到 80 cm 以上,就可以当床来使用,平时家里人多的时候,铺上床垫子就是一张单人床。飘窗底下不要做小抽屉,放不了几件衣物就满了,要充分利用底部空间,可以设计加长抽屉,让储物空间翻倍。

儿童房的设计，给孩子一个安全快乐的空间

说到儿童房装修，很多人以为买个高低床就万事大吉了，殊不知，市面上的高低床大多是庞然大物，即使放得下，与整个房间的融合感也会很差，不合理的空间设计会让孩子感到压抑。

曾经有人做过一个实验，将同一个孩子置身于两个不同的房间，他的学习效率发生了很大变化。一个房间装饰得很温馨，书桌周围堆满了书、玩具和一些生活用品，这些东西在无形中分散了孩子的注意力；而另一个房间干净整洁，书桌上除了作业和学习用品什么都没有，孩子每次放学回到自己房间，都能很快进入学习状态，效率也很高。可见儿童房的收纳很重要，与学习无关的物品一定要隐藏收纳。收纳最好做到合理分区，让孩子从小养成东西归类整理的习惯，增强独立和管理自己的能力，同时拿取东西也比较方便。

因此，打造儿童房时，空间规划一定要重视合理、环保、安全和收纳等几个问题，具体来说有五点：一是储物空间非常重要；二是床要两面靠墙，这样孩子睡觉更有安全感；三是保证房间表面整洁无物、少装饰，培养孩子的专注力；四是书桌是儿童房刚需，要提早规划；五是格局规划要从长远考虑，考虑孩子的成长需要。与其给孩子一个"凑合"的空间，不如全屋量身打造一个童趣世界。

① 儿童房打造，要考虑孩子的成长需求。

孩子在成长之初喜欢玩玩具、看绘本，再长大一些则需要有自己独立的学习区，这些都要考虑到。我们设计过这样一个柜子，上面是衣柜，下面是玩具收纳区和书架，孩子坐在地板上便可够到书架上的书和玩具，这里也可以作为亲子活动空间。

孩子的玩具扔得家里到处都是，那是因为孩子缺少一个自己的收纳空间，在儿童房打造专属玩具区，让孩子有了"领地"意识，也能慢慢养成自己收纳整理的好习惯。

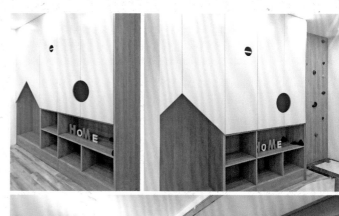

② 儿童房偏小，更要合理利用空间。

　　儿童房一般位于次卧，房间不会很大，所以更需要合理利用空间，在全屋定制时采用连接式设计更节省空间。比如将床头柜和书桌连接在一起，空间看起来整体更顺畅，也不会浪费一平方米面积。

床头柜与书桌连在一起（图片来自我图网）

☞ 如果家里有两个孩子，
　　那么儿童房又该怎么设计呢？

① 一房多用。

　　儿童房格外需要量身定制，合理利用每一寸空间，根据户型特点合理布局。比如，可以用全屋定制，实现两张床、一个衣柜，甚至还可以加上书架和玩耍活动的空间，如果把空间利用发挥到极致，甚至可以安排出三张床。白色、木色及其他浅色家具温馨明亮，看似家具很多，却一点也不压抑。

左图的右侧是一个双层儿童床，下面是收纳柜，右图是三张床的设计（图片来自我图网）

　　还可以根据业主的生活习惯量身打造，比如将儿童房和书房合二为一。家中有两个孩子，可以打造高低床，能用到孩子成年，靠窗的书桌可供阅读学习。

② **拐角错层床，不压抑。**

高低床其实或多或少会让人有压抑感，如果儿童房够宽，就可以实现 L 形错层床，这样上下都有独立的休息空间，还可以见缝插针地设计柜子、书架、写字台等，比如下面这张图中的空间就使用了错层床的设计，两边还有书桌和书架，整个空间看起来很宽敞。错层床也能缓解高低床带来的压抑感。

错层床的设计可以更充分地利用空间（图片来自我图网）

③ **搭一个阁楼式上下床。**

其实并不是四五米的层高才适合搭阁楼，普通层高的房间也可以搭一个迷你阁楼，这样空间更具趣味性，孩子们会抢着去二楼睡觉，就不会感觉委屈了睡在上铺的宝贝。

也可以借鉴一下两侧式结构，一面搭建阁楼，另一面放置单人床和全屋柜子，再留出一个书桌的位置。阁楼下面定制一个尺寸刚好的衣柜，辅助二层（阁楼）承重。

这些都是商场买的一体式高低床所实现不了的。全屋定制的优点就是，家具造型可以多变，让空间富有新奇感、设计感和想象力。

二层是一个迷你式阁楼，增加了趣味性（图片来自我图网）

④ **左右错开设计。**

　　长条式的儿童房比较适合平行错开式定制床，两个床看似为一体，实际互相分离，上下空间互不干扰，床底下推拉门衣柜可容纳两个孩子的所有衣物。

错开式设计适合长条户型（图片来自摄图网）

⑤ **大通铺。**

　　如果房子实在太小，前面说的都是"浮云"，不如索性搭一个地台通铺，两个孩子睡觉、打闹、游戏都在这里，关系更加亲密无间。

一个大地台床，放一张大垫子，也是个不错的设计（图片来自摄图网）

　　或者在房间中搭一个半开放式的地台床，在地台上放置一个床垫，这样的设计不用担心孩子睡觉时会滚到地上，私密空间给孩子增加安全感。比起高低床，这样的全屋定制要安全得多。

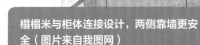

榻榻米与柜体连接设计，两侧靠墙更安全（图片来自我图网）

⑥ 地台与拖床。

　　小户型的儿童房如果太小，可以定制一个拖床，这样白天隐藏在床底下，晚上轻轻拉出来就能睡觉，是节省空间的典范。在地台下面做一个拖床的设计也很赞，两者连为一体，既节省空间又实用。

床的下面有一个可以拉出来的隐藏床（图片来自我图网）

⑦ 一层实现两张床。

　　如果是长条形户型，或者儿童房面积还不算小，可以定制并排式两张床，中间利用隔断区分开来，这样两个空间相对比较独立，适合二胎家庭。如果是方正的户型，可利用房间拐角设计两张儿童床，这样的布局并不会占用房间太多面积，还有增大空间的效果。

从拐角处设计的两张儿童床（图片来自我图网）

　　这里举一个案例。有位业主找我们做设计，计划将 14 m² 的主卧改造成儿童房，希望两个孩子都有自己独立的睡眠和学习空间。因为要住两个孩子，我们根据空间大小规划了格局，并设计了家具。床的高度特意定为 1.4 m，比成品高低床要矮，保证顶部留有足够的活动空间，且没有压抑感。

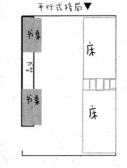
平行式格局▼

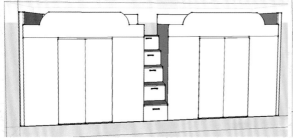

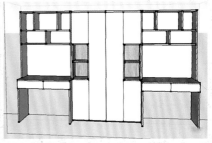

由于房间里没有衣柜，我们将整个床的底部全部设计成了储物空间，像是一个迷你的衣帽间，可以满足孩子的成长需求。

书桌是儿童房的必需品，装修之前就要规划好书桌的位置。我们曾碰到过很多家庭，儿童房摆了一张很大的床，基本就没地方再放柜子和书桌了，还有些家庭因为房间太小，床、柜子、书桌根本不能共处一室。在这个案例中，我们利用一面墙并排设计了两张书桌，两个书桌以书柜隔开，两个孩子学习时相互不干扰。书柜也做了分区设计，常用的书放在开放书架里，不常用的则收纳到书柜里。

有些家长会问，孩子学习的书桌定制多高合适？我的建议是正常高度范围 710 ~ 750 mm 就可以，因为孩子成长速度很快，书桌不能设计得太矮，可以买一把能调节高度的学习椅，随着孩子身高变化，随时调节椅子高度以适应孩子的成长。

案例篇

精装房改造的顾虑：保留还是拆掉，这是个问题

拆除一面柜，增加一扇窗，空间变大，互动增多

简约原木，空间一体设计，"素颜"也能超有范儿！

75 ㎡两室的家，性价比很高的原木简约风

水晶砖、拱形门、纸片柜，打造储物力超强的极简之家

58 ㎡小户型变身有品位的极简风格小宅

66 ㎡单人居，不要次卧，装俩厨房，智能全屋超实用

40 ㎡一居改两居，巧妙用色划分区

85 ㎡老房变身"盒子房屋"，还有超强收纳功能的纸片柜

精装房改造的顾虑：
保留还是拆掉，这是个问题

● 本案例设计方：会筑设计

　　虽然改造项目中很多是二手房翻新，但其实精装房的改造一样令人头疼，甚至有过之而无不及。相对于二手房，对精装房改造，大家更关心的是要留部分还是拆了重装的问题。

　　关于二手房和精装房的改造，给大家几点建议：一是如果要改造户型，就会牵扯到改水电，那就要拆到毛坯房才行；二是老房设施老化，要毫无保留地拆，新房可以视情况保留部分；三是木门能留就留，因为木门是除了家具外最大的污染源，除非你不差钱买全实木门（市面上的木门大多是多层实木、实木复合、密度板的，用胶量大，还要喷漆，甲醛污染严重，内行人都知道木门最不环保，有些人会选择铝镁合金门，虽然环保方面好一些，但质感和手感没有木门好）；四是橱柜是留是拆，如果想按照自己的生活习惯定制，建议拆，如果想省钱，建议保留柜体，重新规划台面和门板款式，花一半的钱，也会达到焕然一新的效果；五是重新改水电是大工程，除非有特殊需求，需要改户型，否则能不改就不要改；六是一定要规划好收纳空间，只靠一个衣柜是远远不够的，杂物会随着时间流逝越来越多，入户玄关柜、餐边柜、储物柜、阳台柜、书架、书柜等都要提前规划设计。

　　本案例是会筑设计做的一套经典的精装房改造案例，可以作为精装房改造的参考。

① **该拆就要拆，否则风格会乱套。**

有一些精装房的装修品质还算不错，业主觉得拆了可惜，但如果不拆，跟自己想要的风格又格格不入。如果想要风格焕然一新，那么，不相匹配的护墙板、壁纸就要全都拆掉。本案例设计师在墙面重新刮腻子、刷白，并在一侧墙面定制了一整面墙的柜子。

② **收纳储物空间一定要提前考虑。**

如果原先的设计缺乏储物空间，那么可能会导致以后生活中出现家里总是很乱的情况，因此装修之前一定要规划好储物收纳。现在整面墙的收纳柜是主流趋势，嵌入式设计不会显得空间很堵，而且一面好看的定制柜的确能提高房间的整体格调。

建议定制柜子不要做得太过花哨，也许当时你觉得好看，但过几年就可能厌烦了。想要经久耐看，还是推荐定制极简风格，能相对"保值"更久一些。

现在的年轻人已经极少看电视机，对他们来说一个手机足以。业主家舍弃了电视柜，替换成储物柜和展示书架，并安装了隐藏式投影仪，小两口会窝在这里看电视。

③ **改造装修，要规划统一好风格色调。**

　　装修前一定要清楚自己想要的风格和整体色系，比如本案例的业主想要极简风格，不喜欢花里胡哨的装饰，因此整个空间以黑白为主，挑选家具的时候也围绕这个色调。沙发、装饰画、灯饰、地毯、窗帘等，要整体搭配协调。

④ 酱肉汁色的地板，还是果断拆掉吧。

很多二手房甚至精装房，经常会铺设酱肉汁色的地板。地板本身品质没毛病，就是颜色实在难以驾驭，会显得很老气。如果你想做中式、欧式风格，可以考虑留下；如果想要的是北欧、日式或现代简约风格，这种地板还是果断放弃吧。

主卧改造后，换了浅木色的地板，瞬间显得年轻现代了许多。房间采光很好，深色背景墙不会显得压抑。如果房间采光差的话，不建议选用黑色、灰色，尽量选用明亮的颜色。次卧就选用相对浅一点的色彩。

⑤ 关于价格、品质感、消费观。

一件家具要陪伴我们20年甚至一辈子，可以说，好的家具虽然贵，却能滋养生活，让生活拥有品质感。比如原来的阳台柜，板材很差、单薄得摇摇欲坠，虽然造价很低，但不能满足我们高品质的生活需求；改造后，能明显感觉到整体空间品质感的提升，想必坐在小板凳上看看书，等待洗衣机里的衣服洗完，也是一件很惬意的事。

拆除一面柜，增加一扇窗，空间变大，互动增多

● 本案例设计方：如壹设计

这个项目属于老房改造，业主是一对年轻夫妻，他们的要求十分简单，需要两个房间：一个可以同时供两个人办公的空间，一个可以简单地招待亲朋好友的公共娱乐空间。

设计需要解决的问题有：厨房空间比较小，并且在其中做饭的人与客厅的人无法互动，一个人在厨房做饭的话，会感觉比较闷；原始格局中，没有划分客厅、餐厅、书房，因此这3个功能区需要合理布局。

①玄关 ②客厅 ③餐厅 ④厨房 ⑤书房 ⑥主卧 ⑦儿童房 ⑧卫生间

① **玄关。**

改造前的玄关没有储物和放置钥匙等物品的地方，改造后增加了鞋柜和全身镜，并在鞋柜的中间留出了放钥匙等小物品的空间。可以看到，玄关柜的左边便是厨房，两个空间连在了一起。

② **客厅。**

客厅改造后将右边的储物柜打通，空间看起来大了很多。L 形沙发正好放在靠墙的一角，节省了空间，而且非常舒适。沙发后面是储物柜，用来收纳不经常使用的物品，台面可以放置充电的手机，以及台灯等小电器，柜体的延伸加强了空间的纵深感。而连续的柜体串联起客厅、餐厅和书房。扫地机器人布置在了储物柜下方，柜体内部用来放置吸尘器和蒸汽熨斗。可以说，客厅区域是空间的中心，各条交通动线都汇聚在这里，所以这里的空间注重"留白"，而不是放置得满满当当。

③ 餐厅。

将餐厅区域与书房之间的隔墙打通，让两个空间融为一体。这里是公共空间的中心，使客厅、餐厅、书房互相连通，保障了家人间的互动。由于做了室内窗，从厨房的操作区可以直接看到餐厅，这样可以在厨房边备菜边和餐厅、书房的家人聊天，做好的饭菜也可以直接从这里拿到餐厅，不用像原来那样再绕一个弯。餐桌里面的柜体是储物空间；右边书柜靠近餐桌的位置预留了插座，以便一家人围坐吃火锅。

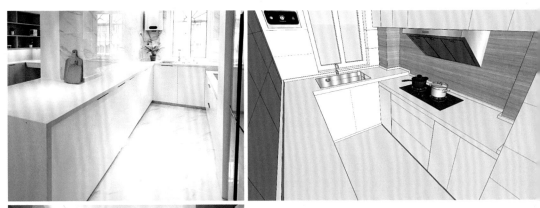

④ 厨房。

原来厨房操作空间不足，并且没有摆放小家电的地方，所以设计师在厨房左边设计了一个宽 350 mm 的台面，用来放置厨房电器，下面的收纳柜可以保证厨房有足够的储物空间。操作区和烹饪区做了高低台面，使用时更加舒适。操作台一直延伸到靠近玄关的区域，备菜空间充足。

⑤ 书房。

　　公共空间的书房区域，通过一圈木饰台面在视觉上连贯起来，工作台可以满足两个人同时工作的需求。右侧墙面可以挂软木板，方便钉一些备忘录。台面下方是储物柜，可以收纳换季的鞋等体积不大的物品。书柜下方的台面可以用来放置小电器或装饰品，暗藏的光源既满足了照明需求，又让空间充满了温馨感。

⑥ 主卧。

　　主卧的衣柜中间留出了一部分开放式储物区域，用来放置睡前使用的物品。卧室没有主灯，平常夜晚使用储物区下方的照明便可，床对面墙的顶部也做了灯带，可以进一步满足照明需求。休息空间要尽可能简单纯粹。

　　改造前阳台和卧室联通，改造后，将原先阳台的洗衣功能移到卫生间，增加了地台和衣柜。地台做了大小不等的储物分隔，大的用来放行李箱，小的放其他物品。考虑到衣物会越来越多，在阳台一侧增加了一个衣柜。而在地台的一侧则设计了一个桌面，可以作为梳妆台。

⑦ 儿童房。

儿童房暂时没有放置家具，但是设计了衣柜，并按未来儿童房的样子提前预留了插座。

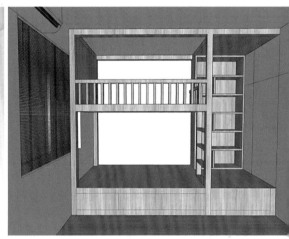

⑧ 卫生间。

卫生间采用了镜柜与悬空地柜的形式。考虑到以后有小宝宝需要用浴盆洗澡，因此没有采用封闭淋浴房的形式，而是用拉帘来遮挡，这样淋浴区就能有更大的活动空间。洗衣机也放在卫生间，台面上方的墙壁上预留了儿童壁挂洗衣机的空间。

简约原木，空间一体设计，"素颜"也能超有范儿！

● 本案例设计方：本空设计

89 m² 如何拥有大客厅的视觉感？开阔又不失边界性的空间应该怎么打造？其实，这些问题用一个吧台就能解决。本案例的业主夫妻对家的诉求是一定要温馨、清爽，于是设计师运用了大量木材，并且在配色上也十分克制。经过合理的改造和设计，所有公共空间都被串联起来，但又各自保持独立，并在细节上制造亮点。于是，在看似简单的风格下，隐藏了设计师带来的惊喜，每一处都能让人感到温暖、舒适。

①玄关｜②客厅｜③餐厅｜④厨房｜⑤书房｜⑥主卧｜⑦儿童房｜⑧卫生间

① 玄关。

　　为节省空间，玄关选用壁挂式穿衣镜。地面由于与厨房相通，因此铺贴了水磨石地砖，方便打理；走道则选用木地板，自然美观，且更加环保。

　　鞋柜底部悬空 30 cm，以提升柜体的轻盈感。穿衣镜的上方和鞋柜的底部都安装了灯带，提供照明。鞋柜是木色与白色拼接，一半是玄关的科定板（后文简称"KD 板"）颜色，一半是房子的主色调，既有个性，又有趣味性。鞋柜的内部安装了旋转式鞋架，提升收纳量，而且更方便查找和拿取鞋子。这种鞋架对柜子的深度和宽度有一定要求，需要提前掌握尺寸，预留空间。

　　对面的墙壁内推 60 cm 后，打造了两个柜子，用来收纳洗衣机等家电。洗衣机所在的柜子底部设计成抽屉，用来储物，并且将洗衣机抬高了 40 cm，免去了洗衣服时弯腰的苦恼。进门的右边是厨房，开放式设计可以让自然光照进玄关。

② 客厅。

　　客厅配色以白色和木色为主，以橙黄色为点缀，清爽干净，同时又充满活力。

　　木色的卡座从餐厅过渡至客厅，再到阳台，贯穿了整个空间，形成一体式设计。柜体与卡座连接，柜门均采用无把手设计，效果清爽干净。

电视墙部分，上下柜体把电视机包裹在其中，收纳功能十分强大。而背景墙的水泥艺术漆与黑色置物板组合，为空间注入硬朗的气息，与温润的木材形成反差。电视机上面预留了幕布的位置，需要时可将移动投影仪放在吧台上，一家人可以躺在沙发上其乐融融地看电影。

电视墙的对面，利用沙发背景墙打造了吧台，让走道、客厅和餐厅在视觉上连成一体，却又各自独立存在。靠窗的抽拉式地台，台面非常宽敞，储物量很大，使用也很方便。这里还安装了一个秋千椅，坐在上面看书、看电视，十分有趣。

客厅的软装做得轻便简单，房门被设计成了通高的隐形门，既能拉长视觉效果，凸显层高，又能让墙面看上去更干净统一。由于光线充足，客厅没有安装主灯，用渲染照明更有氛围。

③ **餐厅**。

餐厅与客厅并为一体，卡座配合餐椅，可以供 6 ~ 8 人用餐，悬浮式设计不仅提升了空间的通透性，还能让人坐得更加舒适。考虑到用餐人数和整体风格，餐桌选择了圆桌。

可以看到，鞋柜的背面做了四个抽屉，用来放置一些常用的物品，增加收纳空间。除了吊灯外，卡座上方还设计了灯带，营造温暖惬意的氛围，让用餐充满仪式感。

④ **厨房**。

厨房的地面跟玄关呼应，铺贴了水磨石地砖。墙砖则采用大理石纹瓷砖，干净又美观。集成灶的顶部做了吊柜，配上线性灯，照明更充足，做饭更方便。台面部分，洗菜区高 88 cm，烹饪区高 86 cm，都是根据主人的身高定制的。

⑤ 书房。

　　空间原来有三间房，只有屋主夫妇常住，次卧利用率不高，因此设计师将其改成了书房，统一的木色让空间看起来格外干净。地台与书桌还有外面的吧台是一体式设计，其中书桌长 1.5 m，可供一人使用。这里采光很好，因此使用长虹玻璃门做隔断，既保证隐私性，也不会阻挡阳光。

　　书房门前的吧台是公共空间的衔接点，可以提升客厅的空间感。吧台的外侧用钢板做了置物板，可以摆些装饰品，也能提升吧台的灵动感。吧椅的色彩和餐厅背景墙遥相呼应，造型别致，增强了空间的趣味性。

　　书房与客厅之间还有一道玻璃推拉门，打开门便是一条流畅的洄游动线，关上门则可以增加书房的隐私性，并且将两道门关起来后,这里就成为一间客房。

⑥ 主卧。

主卧延续了整体的简约风格，以白色为主基调，床头背景墙涂刷水泥艺术漆，与房间的清爽形成视觉反差，增加质感。床头两边不同形状的吊灯别具一格，而靠窗放置的梳妆台，可供女主人日常梳妆使用，位置绝佳，不用担心光线问题。

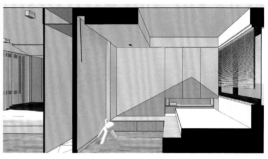

⑦ 儿童房。

在儿童房设计了榻榻米，并且做了衣柜和抽屉用来收纳物品。衣柜使用不规则的黄、白两色图形进行拼接处理，为干净的房间注入一些童真与活泼。

⑧ 卫生间。

卫生间中，加长的台盆可供两人同时使用，搭配的整面镜柜收纳能力十分强大。墙面的水磨石砖和大理石纹瓷砖刚好与厨房的铺贴方式相反，在细节之处形成呼应。次卫面积有限，于是用玻璃边框隔出淋浴区，打造成干湿分离的卫生间，并且使用了黄色的亮色作为点缀。

75 m² 两室的家，
性价比很高的原木简约风

● 本案例设计方：清和一舍

　　房子是75 m²的两居室，屋主是一对90后小夫妻，暂时不考虑要孩子，因此在房子的设计上，主要满足二人世界的生活习惯和兴趣爱好。屋主两人爱猫、爱玩游戏、爱宅在家里，喜欢把家变成无拘束的小世界。女主人西西女士对理想家的需求非常明确，不需要刻意装饰，但要舒适简约，有 MUJI 原木风格调的温暖。

　　当初屋主买的是精装房，实际踩了不少坑，用屋主原话说就是，买房还是直接买毛坯房最靠谱。最终，这套房子的家具基本采用了原木定制，全屋不做踢脚线设计，没有刻意装饰的炫酷造型，是那种一进门就能处处感受到温暖的样子。

①玄关 ②客餐厅 ③厨房 ④书房 ⑤卧室与卫生间

① **白色 + 木色，简约优雅，有家的温暖。**

　　进门左手边是借助墙体厚度做的嵌入式顶天立地玄关柜，藏一半露一半，层次感丰富。柜子在功能上细分为放鞋、放包及收纳日常出门物品等区域，木色开放格带有简约挂钩，可以收纳外套，随手挂衣，相当方便。第一层搁板还能作为简单的换鞋凳使用，不额外占用空间；第二层可以放通勤常穿的鞋子，不用打开柜门就能换鞋。

　　白色无拉手柜门干净整洁，中间凹位采用暖木色点缀。回家的第一眼，便能得到简约优雅又有家的温暖舒适的感觉。正如前面所说，柜子中间凹位的留空高度尽量保持在 250 ~ 300 mm，再高没有意义，且比例也不会好看，适当即可。底部悬空高度最好不低于 200 mm，这个高度可以塞下多种款式的鞋子，放高跟鞋也不成问题。

　　屋主家的防盗门用毛毡重新简单装饰处理了一下，换个中性色不会显得突兀，一进门整个空间颜值都提升了不少。

② 空间细节元素，决定了家的自在舒适感。

整个客餐厅空间用简约干净的白色和质感温润的原木色搭配，就连地板也选择了原木色系，既冲淡了大面积白色的单调，也能让家看上去温暖舒适。

餐桌可以说算是一个小隔断，从这里能看到客厅被抬高了几厘米，整个空间虽然是一致的色调，但是功能区域划分非常明确。

客厅的布置以舒适为主，宽大的浅灰色沙发足足有 2.1 m 长，随意散落在地上的坐垫和长毛地毯散发着生活的质感。沿窗定制了 U 形通顶储物柜，利用地台的宽度打造的宽敞长台自带储物抽屉。四周墙体大面积留白，用简洁的挂画和木质钟表作为局部点缀，简单中透着用心生活的精致感。

这里有一个设计师的巧思，原本靠窗的墙是外露的白色墙体，显得墙体又厚又有些突兀。为了和柜子颜色保持统一，设计师直接用饰面板做装饰，把墙面遮挡了起来，看上去就是一整面完整的柜子。

其实这种木饰面也属于全屋定制的一部分，色彩要与柜子的颜色一致，整个空间的色彩才会统一好看。从工艺上来说，安装木饰面，要在墙面先打一层龙骨，再钉一层基材板（基材板可以选择多层板、大芯板、奥松板或者环保的橡木指接板），在此基础上再贴 KD 木饰面。

③ 打造隐形式家务柜，让空间收纳随心所欲。

原户型中厨房又小又不规则，连放冰箱的空间都没有，非常不方便。因此设计师在户型改造上增大了厨房空间，把小卧室不规则部分的墙体敲掉，匀出来一部分空间给厨房，正好能放冰箱。

厨房用的是玻璃推拉门，最大的好处就是增加采光，在阻隔油烟的同时，又能让空间看上去通透不少，隐藏式吊轨设计也不会破坏空间的整体感。厨房内部 U 形设计清爽干净，原木色的橱柜搭配蓝色挂布，满满的都是日式小厨房的温馨感。

厨房入口这里，利用墙体的厚度特意做了一个隐形家务柜，柜门是无把手设计的按压形式，看上去就是一个木饰面板。

直接嵌入墙体里的柜子完全看不出柜体厚度，没有占用多余空间，柜子进深25 cm 左右，加上搁板分区，放日常清洁工具非常好用。可见，利用客厅墙面哪怕只有50 cm 的宽度来做个嵌入式窄柜，就能收纳不少杂物或者清洁工具。

④ 拥有超多功能的空间，只需要做好柜体设计。

书房是一个多功能空间，能办公、玩游戏、睡觉，屋主两人可以尽情地在这里宅上一整天。

原始户型中朝北的两个卧室很小，几乎只能放张床。设计师索性直接在全屋沿着四周墙面打造了一个被柜体包围的多功能小空间。进门左手边，是整墙的白色与木色拼色的储物柜，白色吊柜下方是木色开放格，定制的书桌是白色柜体木色桌面。这样有藏有露，色调又相互呼应。

整个书桌台面下的抽屉是等分的收纳空间，利用正中间的一个抽屉宽度做支撑收纳柜，既增加了书桌的稳定性，又将一整张书桌分隔成两个单独的工作区。屋主两人一人一边互不影响，既是工作学习区，也是能组团娱乐的游戏区。

进门右手边，是与墙面融为一体的隐藏式折叠床，拉手是极简的竖线条，折叠床直接嵌在墙体里，完全感受不到丝毫厚重感（床放下来的样子见第82页）。

这张双人折叠壁床，收起来就是一面墙，放下来做临时客房，可以睡两个人，和正常床铺一样舒适。

白色和木色相结合的整墙通顶柜，木色的细线条拉手提升了视觉层高，左上角的区域留白则放置了空调。比起购买成品家具，像这样整体定做下来，没有了对板材质量和尺寸不合适的担心，无论是材质色调的统一，量身定制的合理高度，还是尺寸的严丝合缝，都令人感觉舒适。

⑤ **想要做个性化墙裙，不如来个有肌理质感的饰面板。**

卧室只有白色和木色两种颜色，就连吊灯和加湿器都选择了白色的极简款式。

卧室的清爽也得益于没有做传统的床头，而是用原木色的饰面板包了半面墙，相当于墙裙，既有温润的色调，又有立体的纹理质感。现在越来越多的年轻人都不要床头了，而是直接用饰面板和床架组合，整个房间看上去极简又大气。

床尾对面是一个顶天立地的储物柜，作为卧室的主要收纳，旁边的木质衣架配合着挂一些当天换下来的衣服，或每天穿的睡衣。衣柜上下都做成了开放式的，上面用来藏空调，下面放行李箱或收纳箱，在视觉上更加统一，风格更加精致细腻。

卫生间做了干湿分离，所以将洗衣机和烘干机叠放到了这里，可以左右推拉镜柜门的柜体则解决了干区储物的问题。

163

水晶砖、拱形门、纸片柜，
打造储物力超强的极简之家

● 本案例设计方：禄本设计

生活品质并不是房子越大就越高，而是由空间布局规划和日后居住的生活方式所决定的，这需要设计师和屋主共同努力，协力完成设计规划。

在这个案例中，屋主有很多对未来的憧憬和想法，提出了很多需求。比如，需要有明亮且开敞的公共区域，充分的储物空间，家里不需要电视机，但要具备观影系统等。这些需求，在设计师的巧思下一一实现，为日后的幸福感奠定了基础。

①客餐厨空间中的拱门 ┃ ②客厅 ┃ ③餐厨区 ┃ ④主卧与次卧 ┃ ⑤主卫与客卫 ┃ ⑥儿童房

① 用好拱门，打造高级感。

放眼整个家，客厅是没有边界的，厨房、餐厅、阳台不设门的一体式空间，完全打通的联动性与通透感是单一空间比不了的。

这里设计师采用颜色相呼应、材质相匹配的元素，将公开性和装饰性全部融进一个空间，大大增加了互动感。客厅是全屋主要的休闲空间，以功能性和舒适性为主，在家居色调上则以灰色调和皮质元素为主，空间色调大面积延伸了白色和灰色，简单清爽。

这里总结一下，要想家里有大而空的极简通透感，又想要突出家装的极致质感，需要注意以下五点：一是家具尽量少而精，在细节处见品质；二是要轻量装饰，适当留白，从而营造视觉上的空无感；三是尽量少用配色，营造视觉上的清爽感；四是抛弃装饰，还原建筑初始之美；五是多做柜子，让物品各归其位。

屋主家客厅充满了弧形和拱形元素，给空间增添了不少趣味性。虽然大面积留白，但通过低饱和度的软装饰品，以及深木色和经典黑色的点缀元素，使空间散发着极致简约的质感。

现在流行的拱门元素，几乎可以用在家里的任何地方，比如玄关、餐厅、书房、卫生间干区、客厅走廊等。关于施工，简单来说，毛坯房直接留出拱形门洞的尺寸即可；如果是老房或精装房已有的房门做二次改造，只要不是承重墙或者顶上有梁，都可以采用向上挖或者向下补的方法。具体的要根据自家实际情况选择施工方法。对于家里层高低的，建议采用向上掏洞的方式，这样把门洞上方做成拱形会在视觉上有拉伸层高比例的效果。

不管拱门做成近乎完美的半圆形、平缓的弧线，还是尖顶的造型，对于常规的房门或垭口来说，都是提升层高、美化空间的亮眼所在。

② **玻璃砖元素做亮眼点缀。**

客厅整墙的电视储物柜做嵌入式设计，视觉上看似以白色为主的纸片墙，用黑色和带有木纹的深木色做撞色。

屋主将摆件放在黑色开放式展示架里，显得空间更富有层次感和艺术感。电视背景墙一侧是双动线，拱形门洞采用了和电视墙展示架相同的颜色，与之形成呼应。

要想家里的柜子看起来轻盈、不压抑，一定要做成嵌入式的，看起来像一面墙，打开又能储物。

很多人以为设计柜子很简单，其实不然，设计柜子也是一门艺术。简约主义和功能创造，都基于非常复杂和精准的数据测算，尺寸比例偏差、材质偏差、色彩偏差等，都会导致柜子看起来不够精美。除了设计，还要关注封边细节。板材的封边好坏直接决定家具的品质感和使用寿命，有些质量不好的板材用不了几年就会出现掉皮、开裂、变形的问题，通常就是封边技术不过关所导致的。

沙发旁用玻璃砖打造的室内隔断很有通透感。事实上，玻璃砖分为空心的和实心的，空心玻璃砖常用于家装，可以说是用于非承重墙上的万能水晶砖。

③ 中西厨一体，餐厨空间连接。

餐厅使用加长隐形空调出风口，延长了视觉感受。中西厨一体化设计没有设限，增加餐厅光线的同时，还设计了高低台，如此一来，把烹饪变成一种享受。西厨在设计师的巧思下，打造了一个超长台面，满足了屋主的需求。真空石台面延伸至墙面，作为部分防溅墙使用，与木纹质感的深木色地柜相结合，温润闲适，可以给屋主一个恬淡的下厨好心情。

④ 将柜体与床头一体化设计，多维度延伸，更具视觉感。

主卧充满了浪漫气息，弧形软包背景墙，优雅的蓝色由地面经墙面和柜体延伸至屋顶，在空间中释放温婉的气息。柜体和床头柜采用一体化设计，蓝色通顶柜下方做开放格兼床头柜设计，用敞开空间的设计缓解视觉的拥堵感。灰色软包有趣的造型与紫色窗帘交相辉映，营造出舒缓的空间韵律与节奏感。床对面的柜体有书桌的功能，也可用作梳妆台。

次卧以白色为主，定制了整墙储物柜，给了屋主充足的储物空间。

⑤ **干湿分离的卫生间，还有收纳功能。**

　　客卫做了干湿分离设计，设计师在合理安置洗衣机和烘干机的同时，利用收纳柜增加了空间的收纳功能。主卫则采用半墙瓷砖与半墙涂料的做法，暗红色涂料和白色长条砖横贴，让空间看上去更加精致优雅。

⑥ **儿童房保留最大活动区域。**

　　儿童房最大化地保留了活动区域，房中房的书柜和星系壁纸则大大增加了空间的趣味性。

58 ㎡小户型变身有品位的
极简风格小宅

● 本案例设计方：闫小匠

北京市中心城区大多是老房子，很少有新楼盘。而现在很多年轻人追求高品质的生活方式，他们希望把房子改造成自己心目中的家的模样。本案例就是将一套 58 ㎡ 的小户型改造成超有品位的极简风格小宅。

①玄关、客厅｜②餐厅｜③厨房｜④卧室

① **一整面墙的柜子，承担三种功能。**

　　房子设计的亮点是利用户型特点，将玄关柜、餐边柜和电视柜这 3 个大柜子统一规划成一整面墙的柜子。因为房子比较小，最需要解决的就是储物空间的问题，当然柜子还得设计得好看才行，所以设计师将整面墙都利用起来，定制了一整墙的柜子，"麻雀"虽小，功能齐全。

　　先来看第一个柜子。入户门处是一个玄关鞋柜，凹位处是根据屋主两人身高定制的。一进家门，智能感应灯即可亮起，柔和的灯光能舒缓屋主一天的疲惫。门口精致的摆设和小水景，展现了两人对生活品质的追求。

　　再来看第二个柜子。正对着餐桌的位置，也就是最中间的位置具有餐边柜的功能，在这里可以倒水、泡咖啡，享受精致生活。白色柜子与黑色凹位的设计展现了高级的简约风。

然后是第三个柜子。电视柜正
对着沙发，超大尺寸的电视机陪伴
屋主度过闲暇的家庭影院时光。柜
子厚 36 cm，尺寸刚好不拥挤，收
纳能力也很强。看看这面墙的储物
力，可以说非常惊人。

② 餐厅。

这张桌子是餐桌，也是工作桌，
精选的黑胡桃木温润有质感，坐在
这里读书、工作，非常有感觉。复
古椅子与整个极简风格混搭得特别
有味道。极简风格的条状灯在空间
中显得非常协调，如果不知道选什
么灯，选这个准没错，它光源柔和，
光照范围广。

原来的户型这里有一个房门，为了不破坏空间整体的连贯性，我们特意打造了一扇隐形门，门板也是跟柜子一起定制的，不仔细看根本发现不了这里的玄妙——隐形门里藏着一间厨房。客厅柜子的上面做了造型吊顶，衔接得很自然。

③ 厨房。

现代感的厨房满足了两人对高品质生活的追求，橱柜同样也是用爱格板定制，白色和仿石材门板搭配，符合现在年轻人喜欢的高级感的格调。

④ 卧室。

相信大家现在已经有这个概念了：柜子要做成顶天立地的才好看。我们在进行卧室的设计时遵循了这个原则，选了一个业主喜欢的实木真皮床，打造了一面顶天立地的柜子。

66 ㎡单人居，不要次卧，装俩厨房，智能全屋超实用

● 本案例设计方：里白空间设计

从原始户型图能看出来它的问题：使用面积 66 ㎡，不大的空间却被实墙分隔成多个小房间，每个都不好用；次卧只能放下一张床，利用率低；没有玄关，进门后直接面对窗户，有些尴尬；过道太宽，且客厅后面有一个狭长阳台，这两处空间都没有被合理利用；卫生间是暗卫，没有干湿分离；采光不好，虽然客厅和主卧朝南，但其他方向无窗。业主的改造期望是：增加收纳空间，卫生间实现三分离，改善采光不好的中厨，次卧可以实现办公的功能；家里有一只猫，最好也能将猫的生活考虑在设计中；注重健康的生活方式，为全屋置入中央空调、全屋净水和新风系统。

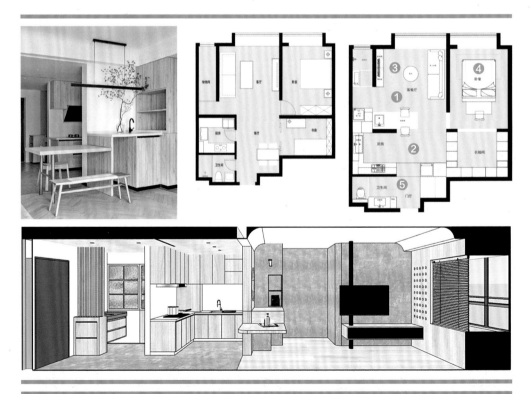

①玄关与过道｜②厨房、餐厅与水吧｜③客厅｜④卧室｜⑤卫生间

① **玄关与过道。**

进门之后没有玄关，旁边是卫生间的户型很常见。其实玄关最主要的作用是收纳外出的临时物品，这项功能如果缺失，很容易导致进门之后随手乱放东西。

过道有充足的面积可以利用，我们在这里设计了一个步入式储物间，增加收纳空间的同时，也方便拿取物品。它有1.4 m的进深，深处的搁板平时用来放行李箱等物品，业主回到家后也能随手挂衣服，放鞋、放包。自动感应的内嵌灯，会在人离开之后的一分钟自动关闭，省去手动开灯、关灯的麻烦。

卫生间的洗手池移到外面之后，在浴室柜旁边增加了一个小木柜，起到过渡缓冲和辅助收纳的作用。零碎的小物件（比如钥匙）被收进抽屉，下层放拖鞋和平时最常穿的鞋。

由于之前的次卧是开放式的，没有墙面能被利用。现在可以通过定制柜体来增加收纳空间，省去再建墙体的费用。

储物间的旁边是食品功能区，离厨房和餐桌都近。冰箱做内嵌式设计，解决了厨房面积小无处容纳冰箱的问题；旁边的柜子是一个超大型零食柜，为了拉齐立面，两者统一进深。不过这很容易产生另外一个问题：柜内空间无法高效利用，拿取物品不方便。于是，五金拉篮派上用场，轻轻拉开柜门，食品架就自动移到面前。

从客厅视角看玄关，呈现的是一个L形，我们并没有依墙做成直线形整墙柜体，目的是拉长景深，创造光线的流动性，保持空间的通透感和明亮度。

小空间有一个常常被用到的设计手法，就是一墙两用。在没有实墙的情况下，我们以柜为墙，一面做卧室衣帽间的柜子，一面用来做猫的厕所和家政物品收纳柜。

很多养猫的业主都希望有一个理想的地方放猫砂盆，最好不占用卫生间和阳台面积，也不影响视觉的干净整洁。这片给猫专门设计的柜内区域，在塞下大体积的猫砂盆后仍然留有空间，它是公共区域整体设计中的一环，不会影响美观度。

② 厨房、餐厅与水吧。

　　原来的厨房只有 4.5 m^2，而且没有自然采光。结合业主平时的生活习惯，我们拆除了部分隔墙，把它变成了一个开放式中厨，并在客厅增加了一个小水吧。吧台上可以摆放咖啡机、热水壶等小型电器，置物柜则可以放酒、咖啡、水杯和装饰品等。右拧水龙头，可以喝到过滤净水，用完的杯子直接在这里洗干净，然后放回原处，节省了去厨房的时间和精力，水槽下面的柜子可以用来放脏衣篓，旁边就是洗衣机。

　　餐桌的位置在离中西厨最近、最合理的位置，这样一来厨房和餐区可以重获明亮，白天餐区的光线充足，完全不必开灯。

　　中厨设计成 U 形，三面墙得以高效利用。值得一提的是这里的收纳，备菜区上方的两个吊柜里面全部装有拉篮，旁边的蒸烤一体机内嵌于柜内，而上下柜也完全没有被浪费，上柜储物，下柜则放了体积较大的软水机，它的背面是西厨的储物柜。

　　灯光设计全部采用极简的方式，以内嵌灯作为主要照明，中厨的烹饪区和备菜区的吊柜底部装有感应灯带。而吧台选用了一款利落的长条灯，取代传统客厅的主灯，不仅让这里有温暖感，而且客厅也显得更加宽敞高挑。

③ 客厅。

这次设计的基础想法是，不过度装饰，满足业主的需求。用色选用贴近自然的颜色，主要使用奶茶色、浅灰色，再搭配温润的木质色调，塑造家的温馨。

家具的关键词是"精简"。一张沙发，两个茶几（其中一个茶几上摆放绿植），就能为室内创造舒适的休闲角落。而光线与绿植是恰到好处的搭配，植物的自然特性能在素颜的空间中，为环境增添生气。

踢脚线和门框都是统一的不锈钢黑线条，既能统一整体性，又能呈现质感。

电视墙用层板取代电视柜，更能塑造出视觉的轻盈感和流动性。黑色的支架用来悬挂可360°旋转的电视机，方便业主在不同的地方看到清晰的电视画面。

④ 卧室。

我们将两个卧室合并成一个复合型空间，兼具多种功能，充分利用到了南面的阳光。和客厅一样，天花板运用了圆弧设计，目的是避免冷硬之感，赋予空间柔和的表情。

墙的两侧安装了隐形灯带，营造出微醺的氛围，为生活注入暖意。整个卧室没有多余的家具摆设，我们希望能把视觉负担降到最低，打造一个完全无压的睡眠空间。

进门左手一侧是休息区和办公区，定制的床和办公桌是一体式设计，床兼具了收纳的功能，床头板同时是软隔断，曲线造型和吊顶相呼应。复合式功能家具常常被用在较小的户型中，它们形成回形动线，双向通往衣帽间，大大减少了在房间里折返的次数。

进门右手边是衣帽间，中间以黑框玻璃门作为隔断，平时基本上是开放空间。柜内暗藏折叠壁床，有家人或朋友留宿时这里可以变成临时次卧。

⑤ **卫生间**。

卫生间实现了干湿三分离。洗手池外移，马桶区为一个独立区域，淋浴区则转移至阳台。

洗手区：洗手台总是有很多瓶瓶罐罐需要收纳和摆放，我们放弃了做墙面收纳的设计思维，将腰部以上的墙面空间全部释放，只留下一面圆镜，所有的洁具都走墙排，保持视线上的清爽。不落地的一体式台盆大大减少了卫生死角，下水管后置之后，可以完全利用抽屉空间。

马桶区：墙面刷了防潮的奶茶色漆，温和的配色让这里呈现出一种放松的氛围。马桶采用壁挂式，旁边安装了清洁力超强又干净卫生的喷枪，取代容易滋生细菌的马桶刷，所用的收纳物品以白色为主，使小空间清爽无压。两个区域之间用水波纹玻璃和实体墙交错搭配，保有隐私性，也能营造轻透的视觉效果。门窗材质使用铝镁合金木纹转印，防潮性好，不易褪色，还能实现木头的质感。门套中央加了防撞条，这样可以缓冲关门压力，减少磕碰。

灯光设计的关键词是"智能化"，既能语音控制，又有人体感应功能，以上两区灯光在无人使用的两分钟后就会自动关闭，排风扇五分钟后自动关闭。马桶区如果有人使用，这项功能则会暂时失灵。

淋浴区：客厅旁边有一个狭长的阳台，原来这个采光很好的区域被浪费了。我们拆除部分墙体之后，把这里设计成淋浴间，利用它的采光优势，解决了湿区昏暗和潮湿的问题。窗台上面铺了防腐木，增加了坐的功能。

里面分为两个功能区，一个是淋浴区，另一个是在门口处设计的小型独立洗手台。为了创造出素净、天然的感觉，墙面用的是有水泥质感的灰色防水漆。为了不破坏整体感，门的表面刷了同色的防水漆，折叠玻璃门既节省空间，防水防潮性也非常好，很适合用在这样的小空间中。

淋浴区的对面是家务区，洗烘一体机的上方和旁边都留出了收纳空间，墙面是同色系的灰色。在客厅，吧台区功能丰富，且有许多生活用品、装饰品，如果家务区也用相同的奶茶色作为主色调，就会丧失一部分整体性，让人产生琐碎的感觉，所以用浅灰色弱化家务区，这种偏冷的色调会带来沉静之感，尤其是坐在沙发上时，这种体验会更强烈。

⑥ **细节与智能家居。**

卧室和淋浴间都用了窄框门，更省空间而且视觉上干净清爽。客厅使用了电动窗帘，在感应照明的地方则安装了控制灯具的传感器，让生活更加智能化。

40 m²一居改两居，
巧妙用色划分区

● 本案例设计方：波形设计

色彩是一个设计中的灵魂，美的东西都离不开色彩。甚至可以说，要看一个设计师的水平，看他的配色就知道功力究竟如何了。

这是一间 40 m² 的老旧学区房，改造前是典型的老破小。常住的家庭成员有业主夫妻，还有正在上幼儿园的孩子，外婆也会时常来帮忙照顾孩子。业主两人都喜欢带有色彩跳脱的空间，都注重细节，对生活品质有所追求。

这个家面临的主要问题有：墙体基本为承重结构，能拆改变动的空间有限；主要功能区面积狭小，采光不足，实用度和居住舒适度都不高；房子原本的布局动线并不适应当下的生活方式和需求；需要一室改两室。

设计师和业主沟通了一家人的需求后，将这间一居室的小户型设计成了舒适开阔的两居室空间：开放式餐区结合客厅，空间利用率大大提升；把阳台移门去掉，引光入室，提高视野的开阔感；把卧室原本的墙体拆除，分隔出客厅，增加隔声玻璃移门，从而增加了客卧空间；将客厅一房多用，完美实现了屋主的居住需求。

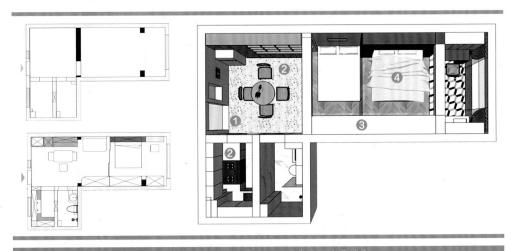

①玄关 ｜ ②餐厅与厨房 ｜ ③客厅与卧室交界 ｜ ④卧室

① **隐形鞋柜隐形门，打造玄机感的"纸片墙"。**

业主家的玄关不是传统意义上的玄关，不承担收纳衣物和家庭杂物的重任，因此没有做任何通顶定制柜，而是在一面墙里定制了隐形鞋柜。白色柜门直接嵌入在墙内，不仔细看都未必能找到，其大小高度完全可满足一家人收纳鞋子的需求。

颜色的选择是室内设计老生常谈的话题，但想要隐形的话，白色效果更好。本案例中，沿着入户玄关是一整面充满玄机的大白墙，藏着隐形鞋柜和厨房、卫生间的两扇隐形门，白色隐形门和白墙互为一体，降低了视觉存在感。

对于隐形门来说，一般开门方式有三种，平开式、推拉式和旋转式，普通家庭用平开式和推拉式多一些。其中平开式可以说是最为常见的一种，可以用在客厅、书房、走廊、卧室等各种功能空间。业主家玄关走廊的两扇白色隐形门就是平开式的，不大的空间里，两扇隐形门随意开合，关上就能变投影墙，可以灵活使用。

隐形门最简单的做法就是直接在墙上做一扇门。由于隐形门是没有门套的，只要颜色和材质看起来与墙面一样，就能达到融为一体的视觉效果。如果旁边是通顶大柜子，可以把隐形门直接做成柜子中的一扇门，这样看起来完全就是一整面顶天立地柜。另外，要做隐形门，对板材的高度和硬度是有要求的（硬度不够容易变形），而且对合页五金的要求也很高，一定要选优质五金，不要买质量不过关的。

② 小空间的首选，卡座加立柜。

　　餐厅和玄关是一体化空间，没有做任何功能性的隔断设计，大面积留白搭配水磨石地面，清爽且宽敞无阻，配上一幅有色彩感的挂画，让小空间更富有趣味性。餐厅的总宽度只有 3 m，左侧留出更大的活动过道，右侧定制了整面墙的通顶柜，既有常规的收纳功能，又可以充当座椅，同时还能恰到好处地将冰箱嵌入其中。

　　对于小空间来说，像这样的卡座加立柜的设计再合适不过了，利用柜体厚度延伸出来的台面，既有收纳功能，又有座位空间，美观且实用。可伸缩的简约餐桌，搭配一组餐椅，再结合卡座，围坐 6 个人都不成问题。为四口之家准备的双门冰箱，直接做嵌入式设计，对于空间的利用，小户型千万不能将就。

　　厨房是家庭中常见的 L 形布局，台面和墙边组成的墙角在所难免，再加上老房子管道又多得可怕，因此要处理这些地方，需要动些脑筋。本案例中，设计师利用户型特点，在角落用瓷砖包上了管道，并留有检修口，看上去和整体墙面浑然一体。

　　厨房的色彩有别于传统的黑白灰设计，采用了高级的灰蓝色，搭配极简的橱柜，良好的材质加上有造型感的厨电线条，一眼望去，有不俗的品质感。

　　白色吊柜与灰蓝色地柜组合负责收纳，柜门全部采用隐形式拉手设计，其中地柜柜门做了凹槽拉手，非常符合极简高级柜子需要"去繁从简"的审美理念。

③ 用色块划分空间，增强空间的功能性。

　　餐厅与客厅交接处原本是隔墙，拆除墙体后用两个色块来区分空间。可以看到这两种撞色搭配在一起，视觉感非常舒适，同时还增加了空间的采光和宽阔感。

　　客厅和卧室之间改用隔声的玻璃移门，让空间更加灵活，搭配白色纱帘，则保证了空间的私密感。沙发可以展开成 1.5 m 的沙发床，到晚上可以让客厅变身成独立的小卧室。

　　利用色块来划分功能空间的方法非常好用，尤其大面积色彩非常有区域性和空间感。除了客餐厅，客厅和卧室之间也使用了这种方法，用米色和紫灰色来分割空间，让视觉从客厅向主卧延伸，形成空间连续的视觉感。

　　另外，卧室定制了一整面严丝合缝的通顶超长衣柜，与客厅交界处采用了弧形柜体设计。从"七藏三露"的开放式凹位处不难看出，柜体厚度保证了强大的收纳功能，有助于入住后始终保持整洁有序的空间感。中央空调在衣柜上方，特意做了白色木百叶出风口，与定制柜形成衔接，拉升了整面衣柜的视觉高度。

④ 烤漆床头立柜，实用又优雅。

完善的灯光系统是卧室的必备设计，床头阅读灯和柔和灯带嵌入在柜床一体的设计中，无论夜读还是起夜，都能随手打开，这个细节非常贴心。

紫色的烤漆床头立柜实用性非常强，质感高级、造型简洁而优雅，而且这个颜色不会让人感到压抑。一般人不太接受头顶上有个吊柜，但是该柜床一体设计的进深不多，且高度够高，因此实际使用中完全不会有影响。而鱼骨拼地板，比起纯色木地板，其倾斜的线条会给人一种空间放大的错觉。

主卧自带的阳台空间被打造成了一个简约好看的家务区，花砖、紫色、奶油色搭配起来十分柔和。原先这里和主卧有一道移门，设计师将移门去掉，让空间转换更加柔和，也让宽阔的卧室能够充分引入自然光线，小空间要尽可能通过无障碍视线来让空间显得开阔。如今阳台上的家务区，在温暖宁静中更显优雅，让做家务的人的心情都能一下子豁然开朗起来。

业主家的卫生间属于极小空间，要增强其设计感，非常有挑战性。对此空间来说，选用具有纹理的小砖最适合不过了。亚光质感的小砖不规则地排列，自带简约高级感，而清新的颜色让这个小卫生间看起来十分活泼灵动。

85 ㎡老房变身"盒子房屋"，还有超强收纳功能的纸片柜

● 本案例设计方：Nothing Design

在众多改造案例中，老房的改造总是能给人很多惊喜。这套 85 ㎡ 的三居虽然没有印象中高价学区房光环下的狭小阴暗和拥挤不堪，但屋里又丑又多的管道，还真有老房子特有的味道。

屋主想要打造的理想家是一个简单而美好的生活空间，希望将自己对生活的态度延续到小家中来。设计师通过大面积使用木色，营造了自然温馨的氛围，通过搭配不同材质，让人自然而然能感受到一种简洁和温暖舒适的细腻日常。

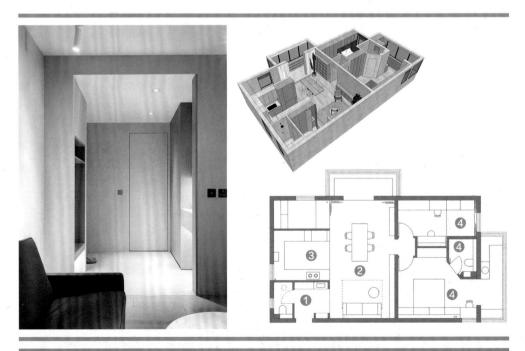

①玄关 ｜②客厅 ｜③厨房 ｜④卧室、儿童房和卫生间

① 不同材质以同色衔接，打造暖洋洋的家。

屋主家从一进门开始，整间屋子都让人感觉暖洋洋的。墙面使用了浅灰色亚光艺术漆，地面用的是浅灰色米耐岩，也就是我们通常说的微水泥。这两种同色系的材料衔接，看上去有种无缝一体的效果。微水泥是一种环保无机材料，能涂在平整光滑的物体表面，比如卫生间墙面、厨房台面，甚至是柜子的表面，打造出一种简约的高级质感。它防水性极强，很好操作，一般墙面做到 0.5 ~ 1 mm，地面做到 3 mm 就够了，特别适合老房翻修，都不用敲掉瓷砖，直接刷在瓷砖表面就能覆盖住，能省不少人工费。

由于屋主家原先储物空间很少，所以设计师在改造时从进门处就特别注重收纳功能。设计师砌墙打造了一个玄关，在两面墙体间嵌入了一个顶天立地的多功能玄关柜，也可以说是一个凳柜一体的空间。柜体用了拼色设计，虽然不如白色极简亮眼，但橡木色柜子在暖色射灯的照射下，把空间衬托得简洁而温暖。

上面的柜门涂刷了同色的微水泥，与空间整体融为一体，这里放些不常用的杂物刚刚好。中间部分的凹位设计，不是 900 ~ 1100 mm 的常规高度，而是特意做高了一些，因为要留足下面坐着换鞋的空间，要保证孩子和大人都能坐下且不拥挤。柜子的底部空间高于 200 mm 的常规高度，不仅能放屋主的高跟鞋，连更高的靴子都能轻松塞下。还是那句话，柜子要根据自己的习惯来确定最舒服的黄金尺寸。

入户门正对面做了一面橡木色通顶鞋柜，按压式的柜门不用在外部安装把手，隐形无拉手设计透着极简高级的视觉清爽感。柜子侧面是客卫的隐形门，表面刷了和墙漆一样的颜色来降低存在感。

这里利用通顶鞋柜的厚度，做了洗手池和简单的壁柜，相当于卫生间的干区，让屋主回家后不用进入卫生间，进门就能先洗手。

② 橡木色柜体令空间温暖又有层次感。

从入户到客厅，充满了材质、色调统一的和谐感，墙面使用了有肌理感的浅灰色艺术漆，地面铺了橡木色地板，就连电视柜也定制了橡木色吊柜。

如果不喜欢四脚落地的传统电视柜，可以尝试把定制柜子直接悬挂在墙上。就像屋主家这面橡木色悬挂柜，不仅避免了视觉拥堵感，还增加了储物空间，而且下面没有卫生死角，扫地机可以无障碍通过。下方还做了灯带设计，和电视柜角落的台灯互为氛围光，让空间温暖又有层次感。

客厅侧面从左到右分布着玄关、厨房和客卧三个区域，就像塞进三个"盒子"，全都定制了柜体，来满足各空间承载的功能性。像这样用橡木色柜子串联的空间，在视觉上特别和谐，空间之间完全没有隔阂感，简直就是趣味满满的玩耍小天地。

最右侧的小客房由于不常使用，所以保留的空间面积并不大，刚好能放下一张床。

客厅日常需要空间通透和采光的时候，可以把小客房的帘子拉开，家里有客人休息时，又可以拉上帘子，保证私密性。

床头定制了一整面通顶柜子作为床头背景墙，在吊柜下方增加灯带点缀，作为小空间的氛围灯使用。此外，柜体上还将人坐在床上能顺手放东西的位置挖窄，当作台面使用，既有床头柜的储物功能，又能增加空间的层次感。

客厅的主要空间留给了定制的橡木长桌。因为屋主的大部分时间是在桌子上工作、学习、喝茶，以及陪孩子写作业，所以这个空间用射灯和明亮的线条灯相结合。

这里和大家分享一个挑选灯的小窍门，想要灯的颜色偏暖，就选 3000 K 色温的，偏白就选 4000 K 色温的。如果不知道灯的色温该怎么选，推荐选用 3000 ~ 4000 K 色温，只要所有空间的灯不是这盏灯白、那盏灯黄，尽量保持一个颜色，色温差不太多的话，就不会难看。

功能性越多的空间，收纳也一定要跟上。书桌两侧定制了橡木色的书柜，内部全部是活动搁板。建议大家一开始做柜子的时候要么别填太满，要么考虑做活动搁板，以便给未来留出更多可能性。

③ 隐藏厚度的双面立体柜，万能空间利器。

书柜对面是一个双面立体柜，一侧看上去是一面超薄的开放储物柜，另一侧则是利用柜子厚度打造的通顶橱柜。这样的一体式定制柜，侧面不要柜门，直接做成开放格的形式。把柜子侧面也利用起来，能大大削弱柜体厚度带来的视觉冲击。当柜子能巧妙地隐藏厚度时，不仅不会带来压抑感，反而还能增加空间的层次感。

开放式厨房的橱柜也用了拼色定制柜，吊柜柜门涂刷了艺术漆，和墙面颜色保持一致，地柜和侧面高柜一样定制了橡木色门板，让空间有温暖自然的氛围。

老房子的厨房其实有很多管道，设计师尽量把改动的管道全部藏在吊顶和橱柜中，这样用定制柜将难看的管道包起来，视觉上整齐又美观。

利用窗前透光的空隙，设计了两层 L 形搁板，也算利用空间的一处巧思。

④ 家里装个"纸片柜"，视觉感轻盈极简又高级。

床头做了一整面厚厚的橡木贴皮护墙板，视觉上就是一整面纸片柜，中间做了两处床体宽度的凹位设计，层次感一下就出来了。床头两侧的搁板、书桌和床为一体式设计，在此基础上，利用剩余的角落空间将搁板延伸，做了个简单的书桌，刚好是一扇窗的宽度，临窗办公，令人心情舒畅。整体定制下来，没有多余的装饰和收口，视觉上轻盈感十足。

床头壁龛和两侧搁板下内嵌灯带，暖色灯光可以带来氛围感。床头灯带的灯光是刻意向上打的，躺在床上时灯光不会直射眼睛。床尾定制了橡木色嵌入式衣柜，这里因为中央空调刚好在衣柜上方，特意做了同色的木百叶出风口与衣柜衔接，看上去拉升了衣柜的视觉高度。

主卫门做成了隐形门，简洁利落。卫生间的墙面和地面都刷了微水泥，搭配黑色五金，简洁干练，又充满质感。

打通后的卧室阳台，也做了木色定制柜，相当于一个小型家务间。

儿童房墙面刷了灰绿色艺术漆，即使孩子长大了，这样低调有趣味的房间一样不会过时。

本空设计

联系方式

微信
BK18758277345

波形设计

联系方式

微信
zhb130

会筑设计

联系方式

微信
13914784029

里白空间设计

联系方式

微信
gaizao1

禄本设计

联系方式

微信
15309639560

鹿可可设计

联系方式

微信
13530117071

牧蓝空间设计

联系方式

微信
Wendy-v5

Nothing Design

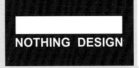

联系方式

微博
- 刘畅同学 -

清和一舍

联系方式

微信
13212042262

如壹设计工作室

联系方式

微信
cmshouwang

深白设计

联系方式

微信
ShenbaiDesign

WED 中熙设计

联系方式

微信
WEDesign2010